海權興衰兩千年 III

從英國與荷蘭東印度公司的競合
到美日太平洋戰役後的海權新秩序

熊顯華 著

SEA POWER
the Rise and Fall for 2,000 Years (1666-1942)

推薦序　二十一世紀藍色文明的競逐

國防院　國防戰略與資源所　所長、博士／蘇紫雲

希臘海軍不安的在港邊待命，波斯六百艘戰船組成的龐大艦隊即將發動攻勢，壓的希臘人難以喘氣，希臘聯盟海軍指揮官地米斯托克利也強做鎮定，儘管戰前民主議會支持大力發展海軍，也同意以輕快戰船的創新方案來對抗占數量優勢的波斯，但面對敵人龐大的海上優勢，任誰也無法輕鬆以對。直到黃昏時刻情報傳來波斯海軍已進入薩拉米斯海灣，希臘全艦隊拔錨出港將恐懼拋於腦後，以數量劣勢的輕快戰船擊沉了兩百艘的敵艦，迫使波斯海軍敗退並打消兩棲登陸，以不對稱的兵力獲勝穩固了希臘世界的安全也開啟了民主文明的全盛期。

近一千三百年後，虞允文踏在岸邊水際，憂心忡忡看著長江對岸金軍完顏亮的水軍大營，宋軍敗退過江的殘部則在采石磯岸邊零散列陣。身為中書舍人的文官，奉派以馬府參軍身分犒師勞軍，文弱書生未經戰陣卻面臨大敵當前絕境，虞允文不忍

棄軍而去遂召集宋軍水陸將佐振奮士氣決定與金軍死戰保國。雖數量不如敵軍，但虞允文踏上宋朝水師甲板擬定水戰計畫，利用南宋水師擁有木輪推進的「飛虎戰船」優勢，具有航行速度與航向的靈活性，搭配霹靂炮與水雷等早期火器的運用在江面來回衝殺，打的金軍艦隊潰不成軍，成功阻絕金軍兩棲登陸穩固了南宋朝廷。

東西方的兩場代表性水面戰役，一為海戰另一為江河戰，但都說明了掌握水陸介面的重要性，以及善用科技創新的戰略價值。在人類經濟、政治的發展史中，始於江河文明而擴大於海洋文明。江河滋潤農耕給養城邦，但海洋供輸資源可壯大邦國，可以這麼說，人類的文明由江河的黃水走向濱海的綠水再走向遠海的藍水，這也象徵著近代強權的發展。

同樣重要的是科技在海軍發展旅程中扮演關鍵地位，由早期的帆槳動力到蒸汽推進，火炮與鐵甲艦的運用更使得海軍可以結合機動力、火力、防護力，以控制海洋空間。而航海鐘的發明，讓船艦可在茫茫大海中精確量測航程並定位導航，咖哩等香料得以遮蓋蔬果異味在遠航時補充水手維生素以保持健康與體力，這些科技的綜合運用共同構成了海權的基本要素。

作者在這本書中以深入淺出的筆法描述海權發展，生動且圖像化的呈現了近現代的海權觀念與國際貿易的發展趨向。其實，海上交通線都與貿易、能資源的供需息息相關，二十一世紀新一波藍色文明的競逐包括美國提倡的「印太戰略」、中國「帶路倡議」都是海洋經濟政治的大棋盤策略。畢竟海權的興衰史說明誰掌握海洋將決定未來國際政治權力分配與市場經濟的樣態，因此無論是政治菁英、企業決策者、乃至股市投資者所謂的「航海王」，都可透過本書一窺地緣政治競爭的堂奧，在各種訊息中得以更精確的判斷，理解新一波的藍色文明，就能掌握政治、經濟乃至安全的脈絡主軸。

推薦序　海權擴張史所形塑的西洋史

《全球防衛雜誌》前採訪主任、「軍情與航空」網站主編／施孝瑋

台灣四面環海，我們許多政治宣傳，喜歡說我們是「海洋國家」。但實際上在安土重遷的華人傳統文化下，歷史上我們對於海洋經營乏善可陳，因此我們絕不是「海洋國家」，至多只能算是「海鮮國家」。但是在人類大約五千年左右的信史階段，西方和東方為什麼發展出完全不同的文化風貌？甚至是軍事歷史？人類歷史的演進，戰爭和軍事史占著相當重要的部分，而身處歐亞大陸的華夏民族的自然環境，和西方以海洋為核心的舞台自然產生截然不同的樣貌，而科技需求更多的海戰，也注定了海權壓過陸權的歷史宿命。

和華夏民族成長茁壯的黃淮平原不同的是，西方文明成長於地中海，茁壯於大西洋，最後在殖民地的競賽中拓展至海洋所及之處，並在十九世紀中葉到達了與地中海距離最遠的太平洋西岸。這個發展的歷程，絕非一路平和只因商業而崛起茁壯，而是一路殺伐才成為各帝國強大的根基。或許我們可以這麼說，西方文明可說是奠

基於海戰戰史之上。

既然知道了西方文明史，可說是一部海戰史的開展，而科技的需求與進步，自然隨著從愛琴海、地中海、歐洲近海到大西洋航行的科技發展而前進。相較於同時期的中方與華夏民族，歷史上除了赤壁之戰和為了尋找可能潛逃海外的明惠帝而進行多次的「鄭和下西洋」之外，華夏民族在海權發展的過程中，表現是遠落後於西方冒險犯難的海洋探險文化。而也因為政治的緣故，鄭和七下西洋與清代擴境至台灣之後，竟然採取了「海禁」的政策，也讓中華民族在現代化的發展途徑上，只能緬懷歷史上的大發明卻沒有國力的擴充了。

這套書的主軸，不是要我們感嘆在海權史上我們未能站得一席之地，而是讓我們清楚看到，歷史上海戰史的演進及其產生的極深遠影響。從最早的大流士與薛西斯的波斯希臘戰爭，一直到美日太平洋戰爭後的海權新秩序，書中挑選影響歷史甚鉅的十六場海戰，以更多篇幅介紹了海戰的背景與成因，戰鬥的推演以及對後世的影響。

戰役，特別是海戰，在一場海上遭遇後，往往改變了原本的戰略態勢或是各方優劣點，讓一場海戰對於兩個國家、甚至是兩個文明，產生翻天覆地的影響，並重組權力結構，徹底改變並影響世界。

序言　「巨浪」歷史下的記憶與海洋文明的對決

在我打算寫這樣一部書時，我決定用不一樣的視角去闡釋海洋文明下的「巨浪對決」。這種對決不僅僅是以戰爭的形式，更多的是體現在政治經濟、制度文化、地緣海權、意識思想等方面上。

從木槳時代到風帆時代，從風帆時代到蒸汽時代……，巨浪的歷史總離不開艦船的歷史。無論是爭奪新世界的資源，還是伴隨著商業貿易的文明交融，縱觀歷史，我們會發現：天平的中心點正在偏向大西洋沿岸的國家。那些走向海洋的國家，利用政治權力、航海技術、殖民領地、宗教信仰等諸多因素將資本注入到國家運轉體系中。在今天看來，雖然它們已經成為過去的歷史，但是對當下和未來的要義依然存在。譬如，現代歐洲起源的核心推動力，我們就可以在宮廷、港口、貿易航線、海上霸權中找到。歐洲的現代化既得益於數千年的文明交融，也得益於來自世界各地的原始資本積累。從這個角度講，是「大歷史」創造、推動了嶄新的世界。

在這部關於大歷史的書裡，讀者會看到一條貫穿全書的時間線，還會感受到一條暗線也存在其中，即海權在人類歷史、區域歷史、國家歷史中的重要作用。對決不僅僅是我們通常理解的戰場殺戮，更多的是指向在歷史進程中的多元化碰撞。

本書甄選了從西元前五世紀到西元二十世紀的十六場具備特殊要義的海上戰事，力圖透過不一樣的視角勾勒出海洋文明對決的歷史進程。在處理這些複雜的題材時，我並沒有刻意注重戰爭場面的描繪，相反有意識地為讀者構建一個多視角、非虛構的歷史記憶。在創作中，我更加注重人物與時勢、經濟與組織、政治與制度、文化與生活、地緣與海權、集體記憶與個體特質、原因與結果的交互影響。不過，我並非要創作一部適合詳細闡釋東西方文明特性以及演進過程的歷史著作，我更願意將這本書的受眾群體指向普通讀者。

以海洋為途徑的文明延伸方式非常獨特。譬如，薩拉米斯海戰讓雅典人走出了希臘國界。本書以希臘與羅馬的古典文明體系作為開篇，是想闡釋羅馬帝國崩潰的過程中，其文明體系並沒有被毀滅掉，在這之後的歲月裡，其以多種途徑傳播到歐洲的西部和北部。這個文明所持有的理念離不開海洋的福澤。

所以，我個人以為歐洲的歷史大都是海洋的歷史。

當然，這個文明的傳播、滲透既要感謝那些希臘與羅馬古典文明體系的傳承者、崇拜者，也要感謝這個文明體系的強大生命力。

進一步來講，從地理大發現時代到殖民擴張的時代，從十五世紀到十九世紀，西方文明多以海洋為紐帶延伸到非洲、美洲、亞洲等區域。不僅西方，東方也曾以這樣的方式將其文明延伸到世界各地。於是，這個世界終於聯繫在一起，形成一個人類命運共同體的交融世界。

海洋文明間的對決在多個層面都體現了國家興衰、歷史走向等。為此，我在書中對它們進行了不同視角的探討。譬如——

雅典人是如何利用「木牆」讓薩拉米斯具備神聖要義的？走出希臘國界後的世界是什麼樣子？

薛西斯一世是以人間統治神的名義，還是借眾神之神的名義指揮著他的海上艦隊？

米列海戰裡神祕的「烏鴉」到底為何物？它如何讓海戰變成陸戰的？杜伊利烏斯紀念柱對後世有何影響？

提里盧斯-格隆事件併發症是如何成為迦太基帝國走向毀滅的重要節點的？迦太基女王真的存在嗎？她與帝國滅亡有哪些關係？以貿易為主的海上帝國是否抵擋得住以軍事力量為主的入侵？

什麼叫作奧古斯都的門檻？埃及豔后與亞克興海戰有何關係？她的死因到底是什麼？

基督山島的海上戰事，最終只是為了俘獲一群教士，還是另有隱情？西西里島如何成為眾多國家爭奪的焦點？

君士坦丁堡的前世今生是否意味著一四五三年的戰爭並未結束？流動火焰如何拯救希臘文明？

特諾奇提特蘭與一個征服者之間發生了什麼？是瘟疫侵害了這個文明，還是其他？

一五六五年的馬爾他大圍攻有多少鮮為人知的細節？它與勒班陀海戰有何關係？

僅僅是因為爭奪西班牙遺產而引發了不多時的四日海戰嗎？

特拉法加海戰與一份合約、一個陰謀相關？

為過去復仇的義大利海軍是如何成為諾貝爾文學獎獲獎作品《魔山》中的中心角色的？

日俄對決，日本真的贏了嗎？

日德蘭海戰是馬漢主義的巔峰，還是荒唐時代的錯誤？

中途島如何成為漂浮的地獄的？

……

這些細節都會在書中體現。當然，這只是書中內容的一部分——這部書的價值不在於以獵奇的形式彰顯，更多的是以巨浪歷史下的記憶和海洋文明對決的內容闡釋兩千多年來的文明歷程，並對當下和未來提供一些思考的路徑。

所以，我特別喜歡若米尼的那句名言：「（這是）值得的永遠記憶。」如果說這本書還有什麼目的，就是希望越來越多的人理解海洋——在陸地上待久了的人們會越來越覺得海洋是多麼重要；在海洋上受益於其財富的人們同樣會一如既往地擁抱海洋。

需要說明的是：因水準有限，書中難免有不少謬論、錯誤，還望大家多以包容的心態去看待，歡迎指正、批評，我將不勝感激！另，為方便讀者進一步瞭解與書中相關的內容，我儘量做了應有的注釋，希望能起到一定的輔助作用。

最後，感謝出版方以及為此書做出辛勤工作的同仁們！他們的出版初衷和我一致。希望這樣一部書沒有終結，還有後續。

熊顯華

CONTENTS

Chapter I

皇家海軍的沉痛

四日海戰不多時

（西元 1666 年）

這樣一場按套路進行的海戰持續時間並不長，荷蘭艦隊的混亂使英國人很快占據優勢。此外，許多艦長缺乏訓練而導致……

——德國學者阿爾弗雷德・施滕策爾《海戰史》

01
爭奪西班牙遺產

可能誰也沒有想到，於一六五九年簽訂的《庇里牛斯和約》[1]會對國際局勢產生如此深刻的影響。腓力四世因沒有得到哈布斯堡王朝的支援，不得不割讓邊界領土給法國以和平結束戰爭，同意將西班牙公主瑪麗・泰瑞莎（María Teresa）嫁給路易十四，公主的嫁妝為五十萬金埃居，分三筆付清。一六六〇年六月九日，婚禮在法國南部城市聖讓-德呂茲（St-Jean-de-Luz）舉行，這項婚約使路易十四成為歐洲權力最大的國王。和約結束了西班牙與法國因爭奪歐洲統治權進行的長達十一年的戰爭，也結束了西班牙的大國地位。無論西班牙人有多麼悲痛或難以割捨，一個不容爭辯的事實擺在他們面前，由西班牙構建的世界帝國體系走向解體了。

那麼，問題來了，這個帝國在世界範圍內的遺產將由誰來接管？面對如此巨大的肥肉，海上的衝突怎能平息？「海

1 法王路易十四與西班牙腓力四世之間的條約，訂於一六五九年十一月十七日，它結束了一六四八—一六五九年發生的法西戰爭。

權論」的提出者馬漢將一六六〇年作為其研究的起始年絕非偶然。這一年英國國王查理二世即位，當時因君主制復辟，查理二世才得以返回英國。五年後，第二次英荷戰爭爆發（查理二世在位期間發動過兩次英荷戰爭）。查理二世在強勢的議會面前表現得不盡人意，他知道自己的王位是如何得來的，必須謹慎地行使其有限王權。同時，他也希望自己的地位牢固，這就需要大量金錢和較高的威望來維持。這兩者要得以實現，只能透過海洋貿易才能獲得，有了收穫豐厚的海上貿易，大量金錢自然滾滾而來。查理二世當然知道在牟取暴利的同時是免不了軍事上的衝突的，打敗競爭對手中取得軍事勝利就能提高自身的威望。

一六五九年簽訂的《庇里牛斯和約》，距離一六六〇年並不遙遠。這是法西戰爭結束時簽訂的合約，西班牙當然不甘心走向失敗，而正在崛起的法國顯然躍躍欲試。西班牙的不甘心不用多說，法國因國王路易十四的即位也變得躁動不安。眾所周知，這位國王有多麼驕傲和不可一世！他自詡「太陽王」，執政期間（一六六一—一七一五年）法國發動了三次重大戰爭，即遺產戰爭、法荷戰爭、大同盟戰爭，透過這三次重大的戰爭，他於一六八〇年開始成為西歐霸主。在《庇里牛斯和約》簽訂後兩年，即一六六一年三月九日，法國紅衣主教卡迪納爾·朱爾·馬薩林（Cardinal Jules Mazarin）去世。需要說明的是，當時他還是法國的宰相，是這個國家的實際掌權者。那時的路易十四年僅二十二歲（一六四三年即位後並沒有親政），由母親安娜攝政，而馬薩林是著名宰相阿爾芒．讓．黎塞留（Armand Jean Richelieu）[2]器重的人物，黎塞留臨終前就把他推薦給路易十三，其權勢自是不可撼動。也就是說，實際掌權的是馬薩林，年輕的路易十四及其母親沒有實權。現在，這位權臣去世了，擁有遠大抱負的路易十四肯定會採取行動。不久，他遇到了志同道合的人物讓－巴蒂斯特．科爾貝（Jean-Baptiste Colbert），此人之前是馬薩林的私人財務，深諳經濟與財政之道，他特別推崇重商主義（也叫商業本位，產生並流行於十五世紀至十七世紀中葉的西歐），致力於建立殖民貿易公司。不得不說，這簡直和路易十四的霸主夢想一拍即合。作為宰相的科爾貝敏銳地意識到增加財政收入對於當前推行的霸權政策有多麼重要，財政收入中的大部分要從海外貿易中獲得。於是，法國理所當然地加入了海軍軍備競賽的行列。

一個是走向衰落的西班牙帝國，一個是正在崛起的法蘭西，一個是想要穩定王權的英國國王查理二世。三方勢力交錯在一起，浩瀚的大洋上又要掀起腥風血雨了！

2　一五八五—一六四二年，法國著名政治家和外交家。

§

一五八八年，橫掃世界的西班牙無敵艦隊覆滅了，西班牙海軍由此走向衰落，這意味著西班牙在海上發展的進程開始減緩。但是，這不意味著海上爭奪就此結束，反而有愈演愈烈的勢頭。歐洲各國都重視在海洋上的作為，這時候的歐洲在軍事方面呈現出的技術革新與意識形態的變化都可作為海上交鋒背後要義的分析重點。

在海戰戰術和軍艦歷史等方面頗有建樹的瑞典歷史學家揚・格勒特（Jan Glete），在其所著的《海上戰爭，1500—1650：海上衝突和歐洲的轉變》（*Warfare at Sea, 1500-1650: Maritime Conflicts and the Transformation of Europe*）認為，與之前相比，甲板炮逐漸成為重要作戰工具。這種革新技術不僅讓軍隊戰鬥力得到了顯著提升，還讓戰鬥力更加持久。而火炮、炮彈和火藥無須進食與供給，它們都可以透過艦船自身的運輸能力被載至世界各地。作為政治實力的基礎，物質力量便可以根據需要進行輸出，這屬於典型的大炮與巨艦相結合的理論運用。透過這樣的方式，控制海洋進而利用其統治世界廣大地區就比從前更容易了。應該說，火炮在軍艦和商船上的運用就此成了歐洲擴張成功的關鍵。

只是，這種炮與艦相結合的形式要發揮出潛力還需要一些時日，因為能否生產出精良的火炮才是關鍵。笨重、生產成本高、裝彈困難、射擊精度不高，這些特點都是擺在那時人們面前的困難。特別是青銅炮的造價成本一直居高不下，那時的歐洲，銅長期供不應求，又因青銅炮的材質是銅鋅合金，這種高難度合金技術不屬於大眾推廣型。若採用鑄鐵炮，其成本固然降低了許多，卻很容易炸膛，直到十六世紀中期英國才基本解決炸膛的問題，能夠成批生產出安全的鑄鐵炮。即便如此，武裝商船對於價格低廉的鑄鐵炮使用不多，只是從大約一千六百年開始，往加勒比海以及遠東地區航行的商船使用較多。十七世紀時，許多艦隊依然青睞青銅炮，因為鑄鐵炮在連續發射後會過熱，仍然會炸膛。因此，如果使用鑄鐵炮，充其量只能讓歐洲人在海外遭遇小規模作戰時，起到一種威懾作用罷了，卻無法承擔起艦隊與艦隊之間猛烈的或者長時間的作戰。

任何問題都會在巨大的利益面前得到盡可能快的解決，讓諸國趨之若鶩的軍備競賽為廣泛使用青銅炮提供了更多的可能。歐洲的「三十年戰爭」開啟了這場軍備競賽。從某種意義上來說，「三十年戰爭」攪動了整個歐洲，使得整個歐洲充滿了火藥味。在戰爭的推動下，許多軍事技術都朝著現代化的方向發展，這種技術的革新也作用於海上。「三十年戰爭」是歐洲近代史上最重大的事件之一，緣於一六一八年五月二十三日發生在波希米亞首都布拉格的「擲出窗外事件」，這一事件引發了連鎖反應，隨後，西班牙、法國、丹麥、瑞典、特蘭西瓦尼亞、英國、荷蘭、波蘭一立陶宛、鄂圖曼帝國、教皇國、許多義大利邦國或直接或間接參與到戰事中，歐洲火藥味瞬間變得濃烈。瑞典國王古斯塔夫二世・阿道夫（Gustav II Adolf）[3]，曾說：「各場小型的戰爭在這裡彙集成一場全面的歐洲戰爭。」各參戰國已經意識到艦隊在戰爭中的重要性，透過海上作戰能對戰局起到積極的促進作用，按照馬漢的理論，就是制海權的有效運用。

譬如當時丹麥的國王克里斯汀四世（一五八八—一六四八年在位）執政期間，積極促進工商業的發展，擴建港口，興建城市和海上要塞，並廢除了漢薩同盟的特權，引進荷蘭新技術，在國務委員會的領導人尼爾斯・考斯和尼德蘭工程師的努力下，丹麥逐步建立起了強大的艦隊。在一五九六年時該國僅有二十二艘艦船，到一六一〇年時就已擴充至六十艘了，丹麥的海軍力量不容小覷。

又如，瑞典國王古斯塔夫二世是一位好戰的皇帝，他具備古代北歐海盜的冒險精神，猶如一頭猛獅。為謀求波羅的海霸權，積極建立、擴充自己的艦隊，在一六一一—一六二九年先後同丹麥、俄國和波蘭進行戰爭，並取得了勝利。

3 一五九四—一六三二年，為了謀求瑞典在波羅的海的霸權，古斯塔夫二世在「三十年戰爭」中表現不俗，雖然不幸在呂岑會戰中陣亡，但他在清教徒眼裡榮譽崇高，被稱為「北方雄獅」。

其他的國家如西班牙、荷蘭等也在「三十年戰爭」中系統地擴充了自己的艦隊。「三十年戰爭」的價值不止這些，從長遠意義來看，風帆技術的革新使得艦隊的作戰形式在十六—十七世紀發生了根本性的改變。一五八八年的重要戰爭，讓西班牙的無敵艦隊體會到了炮戰的殘酷性，傳統的接舷戰在這次戰役中顯得落伍。這種作戰形式的改變，前提源於近代早期航海的技術性變革，即大幅度改進、提升了艦船的風帆性能。

許多變革都經歷了較為漫長的時期。揚・格勒特曾這樣寫道：「總體而言，設計與建造配備火炮的風帆戰艦是前工業化時代的歐洲所面臨的最困難的挑戰之一。」最重要的困難在於火炮自身的重量，尤其是射程更遠的大口徑火炮，其重量是驚人的。按照當時英國的計量方式，它是根據所發射彈丸重量進行核算的，一磅約四百五十克。一門二十四磅炮，即發射重二十四磅、約十・八公斤鐵質彈丸的火炮重量就重達二・五到三噸。這般重量，不難想像一艘艦船除了要承載配備巨型甲板建築設施的重量，還要承載這種規格火炮的重量，其機動性能、平穩性乃至航速會受到什麼樣的影響。

解決這一難題的過程顯然是較為漫長的，而且還付出了許多慘痛的代價。這裡有必要再次述及瑞典國王古斯塔夫二世，這位國王不僅能征善戰，還對建造艦船有著讓人刮目相看的認識。即便如此，由他下令建造的蓋倫帆船「瓦薩」號還是遭到了慘痛的失敗。一六二五年，他決定建造一艘三桅巨型艦，要求戰艦航速要快、火力要強、裝飾要華麗，以便更有力地實現他在歐洲的海洋利益。「瓦薩」號長六十九公尺，寬一一．七公尺，吃水四．八公尺，排水量一千千兩百一十噸，帆面積一千二百七十五平方公尺，由一千根瑞典橡木製成，並配備了兩層甲板和六十四門火炮。一六二八年八月十日，「瓦薩」號首航，在行駛不到一海浬的時候，遭遇到一股強風而傾覆，沉於斯德哥爾摩港內。造成這次傾覆事件的根本原因不在於那股強風，而是兩層甲板上的六十四門火炮以及高於水線約二十公尺的船艉建築。

如果能有更好的風力推進方式和搭載能力顯著提高的船型，或許就能解決這一問題。十五世紀伊始，風帆面積就已經得到擴大了，中世紀時期的單桅船已經被淘汰，在雙桅船出現後，三桅船也有了，而三桅船直到十七世紀初還是艦船的標準船型。三桅船的桅杆設計是前桅和主桅各掛三面橫帆，後桅用一面三角帆與另一面橫帆固定。這種帆具的模式基本上在整個十七世紀都沒有改變。在船型方面，傳統的搭載式船殼一般都是採用互相重疊的範本連接而構成船體的，類似於魚鱗的架構形式。這種外殼到了十五世紀被平接式取代，改為各根木條緊密相連，這樣的好處是減小了船體的表面阻力。曾長期用於近戰或接舷戰的高大船艏和艉樓也被取消了，這樣的好處在於船舶的上層建築變得更為平坦，也就是說能加強艦船的平穩性。但是，這種上層建築的高度減小需要在一定範圍內，因為船型加大，或者說作戰力要提升，一艘艦船至少需要兩層火炮甲板，有時甚至需要三層火炮甲板。

然而，又有問題來了！當把大量的火炮安置在甲板上，並能適應作戰需要時，如何降低重心呢？解決辦法就是，火炮盡可能地放在靠近水線上方的位置。於是，從十六世紀早期就開始使用「舷側炮眼」了。這種設計非常人性化，在航行中，風浪大時就關閉，在作戰時就打開。

隨著航海能力的加強與提升，當活動範圍擴大到全球的時候，歐洲的航海業得到了較大發展。譬如早期的地中海，槳帆船就是標準的船型，無論是威尼斯、熱那亞還是巴賽隆納和君士坦丁堡，這些地區建造的艦船都是大同小異。即便到了風帆艦船興起的時代，在地中海地區槳帆船依然是首選。法國在大西洋的各個港口已成批建造先進的風帆戰艦了，可在地中海的艦隊仍然裝備以槳帆為動力的艦船，足見這種傳統的根深蒂固。

這種情況在發現新大陸與通往印度的航路後發生了重大改變，並使得地中海退居成為一個次要的內海。因為歐洲人能越過海洋進行更大、更遠範圍的擴張，海上貿易路線的轉移也引發了歐洲經濟重心的轉移。於是，為了適應遠洋航行的需要，為了自身安全和殖民，許多艦船都需要配備大口徑火炮，同時為了增加用於儲存補給和運輸商品的空間，原先船體內複雜的構架也被取消，於是各種新的船型陸續出現了。

由此看來，「三十年戰爭」的確在諸多方面都起到了某種積極作用。不過，想要形成一支具有規模性、威懾性和實戰性的艦隊，各國面臨的困難依然很大，就算是當時一些實力較強的國家依然如此。因為，這樣的艦隊至少需要具備以下三個條件：

其一，需要很強的經濟實力，無論是大財團還是國家；

其二，需要一定數量的艦船和人員；

其三，需要一套專業的海軍軍官制度，以及內外部管理機制。

那麼，誰能解決或者說打破這樣的困境呢？問題越大，解決的可能性就越大。

§

十七世紀上半葉，海外貿易產生的巨大利益已經受到許多歐洲國家的重視。為了有效地保護這樣的利益，歐洲各國都在為建設正規海軍而努力著、競爭著。在這些國家中，尤其以尼德蘭聯省共和國（中文俗稱荷蘭共和國）最為突出。

這是一五八一年成立的「尼德蘭聯省共和國」，早在十六世紀上半葉，荷蘭因宗教與經濟原因脫離了西班牙國王腓力二世的統治。在一五六八－一六四八年的戰爭中[4]，這個聯省共和國以超強的抗壓能力和反抗意識從歐洲各國中脫穎而出。

荷蘭人懂得利用先進的造船技術與訓練有素的水手進行持久抵抗。這主要是地理環境因素所致，尼德蘭的北方諸省屬於比較窮困的地區，為了生存被迫走向海洋，這就激發了他們心中開發海洋的欲望，想盡一切辦法從海外貿易中獲得一席之地。這種無畏的精神力量使得荷蘭人不僅與西班牙人、葡萄牙人爭奪海外進口貨物，還憑藉其誓死捍衛的契約精神、超強的執行力提升了在波羅的海與地中海的貿易份額，再加之因政治和經濟方面的紛爭，荷蘭人不僅沒有被西班牙、葡萄牙等國絞殺，反而透過戰時的軍需品貿易繼續獲得實力提升。

更讓人驚歎的是，面對西班牙的咄咄相逼，荷蘭人還創新了融資模式，並以此作為提高海外貿易利潤的另一途徑。一六〇二年，荷蘭人建立了東印度公司，這是以「政府授予特權，財團、個人參與投資」為重要形式的股份公司，擁有這樣的特權是為了方便給前往印尼的商船隊融資，畢竟用公司的股份吸引投資還是有很大的誘

4　即八十年戰爭，也叫低地國叛亂，是尼德蘭聯邦清教徒為反抗西班牙帝國統治展開的戰爭，主要通過一系列海戰，最終取得了勝利，也使得荷蘭共和國在歐洲崛起，成為強大的海上國家。

惑力的。應該說，股份制公司的理念誕生於荷蘭，而這一成功模式很快產生了化學反應，英法等國也先後複製了這樣的模式。荷蘭人用他們的敏銳意識，將政治與經濟兩方面的利益緊密地融合在一起，深刻影響了此後歐洲的歷史。

當海上貿易需要發展並呈現出繁榮的景象時，海上貿易與海上劫掠似乎成了無法分割的連體嬰。在有利可圖的驅使下，商船隊遭遇了更多的危險，因此它們都需要武裝保護。在荷蘭的許多港口，除了商船的武裝配備得到了較大改善，戰艦的數目也在增加。

香料貿易興起於巨大的經濟利益，並使得許多商船隊不顧一切地開往遠東海域[5]。荷蘭人為商船隊和戰艦裝配了先進的設施：兩層火炮甲板、為補給提供盡可能大的儲存空間、優秀的船員、經驗豐富的船長和領航員……。因此，十七世紀上半葉，荷蘭人的海外貿易幾乎所向無敵，連此前壟斷了遠東海域香料貿易的西班牙和葡萄牙在這個時候也倍感壓力了。

在遠東建立了許多貿易據點後，荷蘭本國的貿易也得到了迅猛發展，尤其是阿姆

5 詳情可參閱熊顯華的《海權簡史2：海權樞紐與大國興衰》。

斯特丹強勢崛起，讓它成為當時的世界貿易中心。一五八〇—一六六〇年間是這個港口城市的超繁榮時期，單說人口數量就接近二十萬，成為位列倫敦、巴黎和那不勒斯之後歐洲第四大也是最富有的城市。

荷蘭的崛起與強大很快成為歐洲多國羨慕不已的對象，如果要控制荷蘭，就必須從它的海外貿易下手，掐斷它的經濟命脈。

戰爭正在悄然逼近。

02
海戰不多時

在英吉利海峽的另一端有一個國家一直躁動不安，它就是英國。

在十六世紀的時候，荷蘭與英格蘭這兩個國家還如盟友一般，它們一起對抗西班牙，與腓力二世作戰。當危機解除，盟友關係就開始出現裂痕。一開始，兩國並沒有爆發大規模戰爭，不是因為英國在堅守某種道義或仁慈，而是這個國家自身也有棘手的事情。一六五〇年以前的英國處於斯圖亞特王朝統治時期，國王查理一世（一六二五—一六四九年在位）正在為自己的王權費心費力，與議會之間的爭鬥讓他沒有更多的精力顧及海外貿易的諸多事宜。矛盾的不可調和使得局勢繼續惡化，一六四二年英國內戰爆發，查理一世落敗，強勢的議會將他推上了斷頭臺，成為英國歷史上首位被公開處決的國王。

查理一世與議會之間到底在爭奪什麼呢？最核心的問題之一就是艦隊建設問題。

打造一支艦隊需要大量資金，查理一世為了王權的加強與擴大，他按照皇家的標準分配了許多高級軍官的職位，而議會彷彿就是刻意在對抗他，你分配越多，那我批准的費用就越少。查理一世當然不願意協調這一矛盾，他讓幾乎是門外漢的貴族進入到艦隊領導層，於是英國艦隊不再平民化了，那些經驗豐富的「海狗」沒有了用武之地。面對這樣的局面，英國議會表現出了強烈不滿。

雖然查理一世與議會之間火藥味十足，但在他執政期間還是有一系列的新式戰艦下水了。這裡值得一敘的就是於一六三七年開始服役的「海上君主」號，由伍利奇船廠建造，總造價超過四萬英鎊。主設計師佩特的最初設計是裝配九十門青銅火炮，但查理一世強硬地要求把火炮數增加到一〇四門，總重量達到了一百五十三噸，並配備四層甲板，成為當時火力最強的戰艦。高昂的造價，有將近一半的費用都用於支付造船工匠的薪水了，而這樣的付出是值得的。該艦服役期超過了六十年，海上作戰中表現傑出，譬如在一六五二年的普利茅斯海戰中，「海上君主」號僅用船的一側火炮就將荷蘭的一艘戰艦擊沉。

不過，高昂的造價也直接造成了查理一世的財政危機，與議會的矛盾絲毫沒有緩和。一六四九年一月，查理一世被處決，隨後共和國宣告成立。這一時期一批戰艦也得以建造完成，以奧利弗·克倫威爾（Oliver Cromwell）為首的新政府成了實現自身利益的強大工具，那些富裕的資產階級對於海外貿易也有更為強烈的願望。

就在查理一世被處決後不久，英國同荷蘭就爆發了戰爭，這場戰爭的導火線是一六五一年英國頒發的《航海條例》。條例的頒發可謂是掀起了巨大的風浪，對此，利奧波德·馮·蘭克（Leopold von Ranke）[6]認為：「（它）可能是為英國與世界帶來最為廣泛影響的一項。」《航海條例》對英國意義非凡，被視為「英國強大的主要源泉」。蘭克的這一說法是將《航海條例》的影響力放在世界範圍內進行闡釋，而英國在世界範圍內的影響將完全折射於從此之後的「日不落帝國」上。

《航海條例》中這樣規定：今後凡運往英國的海外貿易貨物，必須由英國船隻或商品生產國的船隻運送。每艘在英國卸貨的商船，船長和至少四分之三的船員必須是英國人。若有違反，船隻與貨物將被沒收。

因此，《航海條例》的頒布實際上就是對荷蘭的公開挑釁，英國海軍上將喬治·蒙克（George Monck）說得更露骨，他說：「說這個或那個原因有什麼用，我們就想在當時由荷蘭人掌控的貿易中分一杯羹。」[7]

6　一七九五—一八八六年，德國著名歷史學家，對現代歷史學的發展產生了世界性的影響，被譽為「近代歷史學之父」。

7　參閱艾爾弗雷德·馬漢所著的《海權對歷史的影響》。

荷蘭國會憤怒異常，直接給出了回應。荷蘭人當然知道這個條例對他們意味著什麼，表面上看條例是針對所有國家，實際上當時在海外貿易中取得輝煌成就的還能是誰？一六五二年三月三日，國會做出了一項重要決定，在現有七十六艘戰艦的基礎上再裝備一百五十艘，以組成一支擁有兩百二十六艘戰艦的強大艦隊。但是，這樣的戰艦數量所需要的費用實在是太大了，且時間緊迫——第一次英荷戰爭即將爆發——具體實施起來困難重重。因此，這項造艦計畫被迫擱淺，只能改為建造武裝商船。顯然，這種船型是不適合作戰需要的，因為一種具有革命性突破戰術的產生讓它很快從主要海上作戰中消失。這種戰術就是一直沿襲到二戰的戰列線戰術，它對戰艦的要求很高，需要堅固的船體、多層甲板、優良的火炮、訓練有素的船員和作戰人員……。

上述內容是荷蘭無法在短時間內完成「擴艦計畫」的重要原因之一。第一次英荷戰爭在一六五二年五月二十九日爆發，比官方宣戰提前了。戰爭是在多佛爾海峽打響的，導火索是英國要求其他國家的船隻在經過多佛爾海峽時必須向遇見的英國軍艦行升旗禮。這一次，荷蘭人決定不屑一顧，這主要是因為兩國日趨尖銳的矛盾能輕易讓荷蘭人心生敵對情緒。事情說來也頗有戲劇性，當時，英國艦隊在多佛爾海峽巡邏，而荷蘭海軍的商船護航艦隊正好也在這一天途經多佛爾海峽，可以說是不期而遇。若換在以往，這事也不至於發生，但現在是敏感時期。面對英國海軍將領羅伯特·布萊克（Robert Blake）[8]的降旗致敬要求，荷蘭海軍上將馬滕·哈珀特松·特朗普（Maarten Harpertszoon Tromp）[9]拒絕了。於是，雙方爆發了激烈的衝突，史稱「古德溫沙洲之戰」（Battle of Goodwin Sands）。雙方互相炮擊四個多小時，荷蘭方面損失了二艘戰艦，羅伯特·布萊克的旗艦「詹姆斯」號也被打得千瘡百孔。隨後，英國人封鎖了多佛爾海峽，七月二十八日，雙方正式宣戰。

封鎖、襲擾、劫掠等都是控制海權的重要策略，英國方面據此控制多佛爾海峽和北海，攔截透過海峽的一切荷蘭船隻。海軍將領羅伯特·布萊克將這樣的策略發揮得較為出色，並使用了戰列線戰術（另一種說法，此戰術可能是馬滕·特朗普最先提出的，但並沒有馬上運用到實戰中），雖然不夠成熟，但效果顯著。

為了能與外海有聯繫，荷蘭試圖憑藉強大的艦隊進行商船護航行動，強行透過多

8　一五九八—一六五七年，十七世紀最著名的英國海軍上將之一。

9　一五七九—一六五三年，也叫老特朗普，荷蘭共和國最偉大的海軍上將之一。他長期與法國海盜和西班牙海軍交鋒，具有很高的統帥藝術，特別是在一六三九年的唐斯之戰中擊敗西班牙艦隊，使西班牙海上霸權漸趨式微。

佛爾海峽。儘管有經驗豐富的海軍將領特朗普為統帥，儘管荷蘭水兵的單兵作戰能力很強，但是各艦缺乏協調能力的弊端長期沒有得到有效解決，加之裝備和數量方面的欠缺，使得英國的海上封鎖策略奏效了。

一六五三年六月，英國在加巴德海戰（Battle of the Gabbard，英國人在這場海戰中使用戰列線戰術，讓荷蘭人付出了慘重代價）擊敗荷蘭後，荷蘭完全失去了對英吉利海峽的制海權，其海岸也受到英國海軍的嚴密封鎖。八月初，特朗普決定放手一搏，率領一百多艘荷蘭軍艦出戰，試圖打破封鎖。英國則派出了以喬治・蒙克指揮的海軍艦隊迎戰。八月十日，雙方在席凡寧根（Scheveningen）海面交戰。

這是具有決定性意義的一戰，雙方都損失慘重。戰鬥剛開始，特朗普就不幸陣亡，他的死讓荷蘭人倍感心痛，特別是奧蘭治派（由奧蘭治貴族形成的政治派系）從此失去了政治影響力。隨後，荷蘭在損失了十一艘軍艦後返港。英國人的情況也好不到哪裡去，由於有三十五艘船遭到重創，蒙克不得不解除了對荷蘭的封鎖。

由於荷蘭過度依賴海外貿易，在英國海軍的封鎖下，其經濟受到很大影響。據說，一向以繁榮著稱的阿姆斯特丹街道上竟然長滿了草，乞丐遍地，經濟的急劇下滑讓將近一千五百所房屋無人居住。

荷蘭在厄爾巴島（義大利中部托斯卡納大區西邊海域的一座島嶼）、來航

（Leghorn，今里窩那，義大利西岸第三大港口城市，位於托斯卡納西部）海戰的勝利，也讓英國的地中海貿易完全陷入癱瘓狀態。

這兩個國家都被戰爭拖得疲憊不堪，最後雙方開始談判，最終於一六五四年四月五日簽訂了《威斯敏斯特和約》。

§

這場海戰的過程或許不是最重要的，最重要的是在過程中或者是結束後所呈現出的革命型突破。

第一次英荷戰爭的許多次海上交鋒採用的依然是傳統的海戰形式，襲擊對手的商船隊，劫掠單艘或多艘商船，封鎖港口，以此破壞交通線和貿易活動。譬如布萊克曾派艦隊到蘇格蘭北部襲擊荷蘭東印度公司的運銀船；到北海擊沉或捕獲荷蘭的捕魚船；進入波羅的海破壞荷蘭和北歐、東歐方面的海上貿易。英國人透過這樣的方式的確取得了一些成效，然而在一場純粹的海戰中，正如馬漢所言，透過殲滅對手的主力艦隊來奪取制海權，它只有在大規模的海戰中才能實現。並且，也只有透過最有效地發揮出艦船的攻擊火力才會贏得大規模的海戰勝利。這一切都必須要有全新的艦隊裝備以及艦隊、人員的三效合一方能如願。

英國人在這方面表現得前衛，一六三六年出版的《英國艦隊作戰指南》是第一份以書面形式呈現的作戰條令。這是在諾森伯蘭伯爵阿爾傑農．珀西（Algernon Percy, 10th Earl of Northumberland）命令下出版的作戰指南，旨在強化作戰紀律。譬如條令規定：不得追逐逃跑的敵艦，而要攻擊敵人實力最強的一點，以此瓦解其抵抗。在這份指南中，英國人已將整個艦隊按白、紅、藍三種顏色的令旗進行劃分，形成前鋒、主戰和後衛三個艦隊，各艦隊配備精良的火炮。在海戰初期，雖然風帆指令（按照風向而制定的指揮策略，多受制於風向）、火炮優勢成為獲勝的重要條件，但是，配合以更為默契的戰術和陣型很快就被證明是非常有效的。因為，即便是迎風面，也可以借助這樣的戰列線趁機越過敵人，然後集中火力實施齊射。

上述描述會讓許多人提出這樣的質疑：戰列線戰術也不過如此！

按照當時最大的艦隊規模六十到一百艘計算，其技術層面的困難尤為明顯。戰列線戰術要求艦船間以極小的間距首尾相連，並且要保持這樣的間距相連航行一段較長的距離。這絕對不是一件容易完成的事——十七世紀的戰艦不是以標準化工業流程進行生產的，屬手工製造的產物，就像世界上沒有兩片相同的樹葉一樣，沒有兩艘船是完全一模一樣的。這就導致其噸位大小、風帆面積和航海性能都存在差異。只有透過訓練整支艦隊的協調性，才能以戰列線形式推進。這對艦隊成員的航海技藝、執行力和紀律性要求都十分嚴格。

即便具備了上述各方面的前提條件，也只有基本等重的艦船且具備一定的規模才能成功實施戰列線作戰。

具有革命性的突破是需要一套標準化的體系來推進的，而第一次英荷戰爭就起到了這樣的推進作用。

隨後幾年內，歐洲諸國的主力艦隊就停用了武裝商船和輕型船。畢竟，這樣的艦船航海性能低劣，火力也較弱。取而代之的是大型的戰列艦，並由此形成一套只在細節上有差異的戰艦評價體系——相比以前，這算是很大的進步和突破了。評價體系的主要依據是船隻大小和火力配備。以英國海軍為例，一級戰列艦裝備的火炮數量在一百門以上，二級戰列艦九〇至一〇〇門，三級戰列艦八〇至九〇門……更輕便的六級巡航艦二〇至四〇門。

訓練體系和標準也出現了大變革，以往戰時徵召未經訓練的水手與船長的傳統做法已經過時了。英荷兩國衝突過程中體現的弊端和優勢讓我們明白，只有艦隊人員的配合度和艦隊指揮官的統籌、應變等能力達到完美一致，才能在具體作戰中擁有更多的勝利條件。它更是新式戰艦形成戰鬥力的基礎。

無論是戰時還是和平時期，一支新式的艦隊能做到隨時待命，是需要龐大開支的。為此政府財政將支出一筆很大的費用。如何解決這一難題呢？長期以來，只有透過發行國債或者提高稅收來解決。譬如英國海軍的支出從一五八五年至一六〇四年間的一百五十萬英鎊上升到一六八九至一六九七年間的一千九百萬英鎊，建造一艘戰列艦的花費在此期間已經增長了四倍，還不算港口基礎建設、船廠和火炮鑄造廠等開支，其費用更是驚人。此外，海軍的發展也大大促進了資源開採，眾多專業程度較高的工匠、絞纜匠、制帆匠和鑄炮匠等人才的誕生。

因此，僅僅透過國家的財政支出是不夠的，更重要的一點是國民意識以及支持度也得跟上。正如德國學者沃爾夫岡・萊因哈德（Wolfgang Reinhard）在《國家權力史》（*Geschichte der Staatsgewalt*）中所說：「普遍的義務教育、服兵役與納稅的履行情況來考察現代國家發展，納稅義務的履行對艦隊建設意義重大。」參考前文英國海軍的開支增加幅度，英國能迅速崛起，這方面的因素不容忽視。

十七世紀歐洲各國的主要航海國家，像瑞典、丹麥、荷蘭、英國和法國，它們都在許多港口建有造船廠，並由此產生了負責艦隊的建設、維護和投入的海軍官僚制度。這都是英荷戰爭帶來的積極影響。

雖然荷蘭在第一次英荷戰爭中失敗了，也接受了英國人的《航海條例》，不過，雙方心裡都很清楚，簽訂的《威斯敏斯特和約》就是一紙空文而已，誰也不服誰的心理正在暗暗作梗。尤其是荷蘭，不僅沒有遵守合約，反而因此變本加厲，海外貿易一度更加繁榮起來。

第一次英荷戰爭並未傷及荷蘭的根本，英國也無法採取有效的控制措施讓荷蘭遵守條約之規定。這當中還有一個重要原因：護國公奧利弗·克倫威爾（集立法權、行政權和軍權於一身，護國公就是典型的無冕之王）去世後，英國進入到理查·克倫威爾統治時期。這是一個執政能力遠不及他父親的護國公，他雖然繼承了父親的獨裁統治，卻無力鎮壓反叛的貴族與軍官，英國政壇陷入混亂不堪的局面，君主制在這樣的情況下恢復了，流亡在外的查理二世趁機回國。一六六〇年，查理二世在多佛登陸，回到倫敦，次年四月，在議會支持下正式加冕為不列顛國王。查理二世即位後並沒有展開血腥報復，只處死了九名簽署其父王查理一世死刑命令的人，同意與議會共同管理國家。他是個脾氣隨和的人，對不同的宗教信仰持很寬容的態度，作為國王他很有魅力、十分風趣，受到臣民的愛戴。不過查理二世十分好色，擁有情婦無數，被人們稱為「歡樂王」、「快活王」。查理二世復辟初期，由於英國忙於處理內政問題，根本無暇顧及荷蘭。

此時的荷蘭不但從之前的「失敗」中恢復了，還把海外貿易的觸角伸向了印度[10]。出於海軍軍備競賽和海上貿易的競爭需要，英國議會向查理二世施加壓力，要求他對荷蘭再次開戰。查理二世能夠當上英國君主，議會勢力起到了重要作用。於是，第二次英荷戰爭爆發在即。

一六六三年，英國皇家非洲公司進攻荷蘭在非洲西岸的殖民地，企圖從荷蘭人手中奪取一本萬利的象牙、奴隸和黃金貿易。一六六四年，查理二世把新英格蘭和德拉瓦灣（Delaware Bay）[11]，以東的英國殖民地交給弟弟約克公爵詹姆士管轄。一六六五年夏天，約克公爵的一支海軍遠征隊占領了荷蘭在北美的殖民地新阿姆斯特丹。在英國人強大炮火的控制下，考慮到勝算機會不大，荷蘭人就投降了。在奪取新阿姆斯特丹後，英國人把它改名為「紐約」（New York）。據說，這是為了將占領的新阿姆斯特丹作為禮物送給約克公爵詹姆士而改名（New York 的意思就是新約克）。

這樣的挑釁和恥辱讓荷蘭人無法忍受，六月十四日，第一場海戰在英格蘭東海

10 詳情可參閱熊顯華的《海權簡史2：海權樞紐與大國興衰》東印度公司章節。
11 意為「瀑布附近」，德拉瓦河的出海口，今屬美國。

岸外的洛斯托夫特（Lowestoft）爆發。因此，英國人占領新阿姆斯特丹可算第二次英荷戰爭的導火線。憤怒的荷蘭人在這場海戰中表現得很英勇，但還是以慘敗收場。荷蘭人損失了十七艘戰艦，四千人陣亡，而英國人僅損失了兩艘戰艦，八百人陣亡。

荷蘭人失敗的原因，德國學者阿爾弗雷德·施滕策爾（Alfred Stenzel）有較為精闢的論述，他在著作《海戰史》（*Seekriegsgeschichte*）中寫道：「這樣一場按套路進行的海戰持續時間並不長，荷蘭艦隊的混亂使英國人很快占據優勢。此外，許多艦長缺乏訓練而導致……各艦間的不協調也嚴重妨礙了協同行動與船隻機動。這場以快速航行排成間距極小的封閉縱列而拉開序幕的海戰中，英國方面嚴格遵守作戰指令，第一次使用了正確的戰術進行作戰。」

施滕策爾所說的「正確的戰術」就是戰列線戰術。一開始，荷蘭人處於有利的順風位置，但其艦隊未能抓住時機主動攻擊，等到風向改變之後，荷蘭人才頂風攻擊。結果，在英國艦隊戰列線陣型的猛烈炮火下，荷蘭艦隊很快就被打散了，艦隊指揮官雅各·范瓦塞納·奧布丹（Jacob van Wassenaer Obdam）陣亡。

不過，荷蘭人很快就扳回一局，它就是著名的「四日海戰」（一六六六年六月十一日至六月十四日）。在這動人心魄的四天時間裡，荷蘭人終於突破了英國艦隊的戰列線，將其一分為二。

§

奧布丹的陣亡讓荷蘭失去了一員猛將，艦隊指揮權被交給另一位極具才華的將領米希爾・德・魯伊特（Michiel Adriaenszoon de Ruyter）[12]。在第一次英荷戰爭中，他是特朗普的下屬，曾獲得了一支分艦隊指揮權，任海軍準將，未能有更多的表現機會。即便如此，他在一六五二年八月十六日的普利茅斯海戰中擊敗了英國海軍將領喬治・艾斯丘（George Ayscue）。這是一場在艦隊指揮、艦船運轉技術、海戰技術和炮術方面都堪稱一流的對決。魯伊特指揮中央艦群兩次切斷英國艦隊的戰列線，英國艦隊損失戰艦三艘，傷亡一千兩百人。在出任荷蘭海軍艦隊司令後，他利用冬季來臨後的休戰期，勵精圖治，訓練水兵，重建艦隊，使荷蘭海軍迅速重新崛起。

在一六六六年六月一日到四日的四日海戰中，英國艦隊犯下了一個嚴重的戰略錯誤。在海戰開始前，英國收到一份錯誤的情報：法國艦隊已抵達英吉利海峽，準備進攻英國。英國人擔心法國艦隊會對英作戰，就分撥了主力艦隊中的二十艘艦船去

12 一六〇七—一六七六年，荷蘭歷史上最負盛名的「海上殺手」，在第二次、第三次英荷戰爭中表現極為出色，成為首屆一指的海軍戰略家。一六七六年四月二十二日，在與法國地中海艦隊的交鋒中被圍攻，六十九歲的老將魯伊特身負重傷，一週後傷重不治。他死後，荷蘭海軍迅速走向衰敗。

攔截。這樣的安排正好中了荷蘭人的圈套，就算法國艦隊正在支援的途中，這種分散主力艦隊的做法也是極不明智的：作戰的首要原則是要最大限度地集中優勢兵力進行決戰。

現在，英國艦隊只剩下五十八艘戰艦了，而荷蘭艦隊則有八十四艘。當荷蘭艦隊出現在視野中，作為指揮官之一的喬治·蒙克當即決定利用有利的風向進行衝鋒，其他指揮官如喬治·艾斯丘爵士、湯瑪斯·特德曼（Thomas Teddeman）爵士等也相繼投入戰鬥。雙方都打得很英勇，海戰演變成一場持久戰，英國人利用更精良的火炮和嚴格的作戰紀律來抵消艦隊數量少的缺陷，荷蘭人在魯伊特的出色指揮下化解了敵方的這些優勢。

海戰進行到最後一天，形勢終於偏向荷蘭人這方。原先抽調去攔截法國艦隊的英國分艦隊雖然返航與主力艦隊會合，但未能改變局勢，因為魯伊特已將英國人的艦隊一分為二，衝破了戰列線。當時，喬治·蒙克的中央戰線的艦隊航速過快，導致戰列線出現了缺口。德勒伊特迅速抓住戰機，命艦隊快速衝進缺口，隨後又突破了多處戰線，而他也終於可以對英國戰艦的艦艏與艦尾實施集中炮擊的戰術了。

我們無從知曉喬治·蒙克為什麼會如此急切，也許是皇家海軍的士氣低落所致，也許是對戰事充斥著不樂觀的情緒。不過，有一點可以肯定，作為指揮官之一的蒙克在這次海戰中承受著巨大的心理壓力，他擔心一旦失敗，會讓本就低迷的士氣更加不堪。他想儘快打敗荷蘭艦隊，以此提升皇家海軍的士氣。而魯伊特或許正好利用了他的這種心理。如果不是魯珀特（Rupert）親王的援軍到來，英國艦隊的損失將會更大。

四日海戰以荷蘭人的勝利結束。英國損失了十艘戰艦，死傷兩千五百多人，有近兩千人被俘虜。荷蘭損失了四艘戰艦，傷亡人員不到三千人，按照荷蘭人的說法，他們完勝了。不過，這次勝利的因素是多樣的。

一方面是英國海軍遭遇了財政困難期，議會想盡辦法在一六六五年十月批准撥款一百二十五萬英鎊，卻如同杯水車薪。克倫威爾軍事獨裁時期，長期對內鎮壓反對勢力，對外又遠征愛爾蘭、蘇格蘭……，加之政界、軍界腐敗不堪，英國財政吃緊。

另一方面，荷蘭人利用休戰期實施了擴建計畫，並尋求盟友幫助。經過多方斡旋，一六六六年初，丹麥和法國決定加入荷蘭這方。丹麥的重要作用在於可以封鎖波羅的海，阻斷英國人用於建造船隻的原材料供應；法國的加入主要在於路易十四這個年輕的國王野心勃勃。三十年戰爭就這樣變得更加熱鬧和複雜了！

再一方面，當時倫敦發生的鼠疫和大火使得英國人情緒低迷。這場瘟疫就是一六六五年的淋巴腺鼠疫，疫源至今沒有確切說法，一種說法是從荷蘭傳入的，之前阿姆斯特丹曾經發生過這樣的瘟疫，死亡人數不少於五萬人。來自這個區域的運輸棉花的商船進入了倫敦周邊的碼頭地區和聖賈爾斯教區，隨後瘟疫蔓延，有超過八萬人死於這次瘟疫。著名作家丹尼爾．笛福據此寫了一部叫《瘟疫年紀事》的歷史小說。第二年，倫敦爆發了巨大的火災，災源是位於倫敦布丁巷（Pudding Lane）的一間麵包鋪。大風刮起，火勢很快蔓延開來，連累了整座城市。四天時間裡，八十七間教堂、四十四家公司、一萬三千名間民房全部被焚盡。厄運接連而至，給英國人造成了心理創傷，就連皇家海軍的士氣也受到了影響。

§

四日海戰的失敗讓英國人品嘗到了比傷亡數字更大的戰略苦果。

在魯珀特親王的艦隊支援下，英國海軍回到了本土軍港，領導層也因這次海戰的失敗爆發了激烈爭吵。其中一個焦點問題就是：為什麼要派出一支艦隊去對付從未出現的法國人？設身處地去想，英國人因這樣的決策導致艦隊實力大打折扣，一場徒勞無功的攔截最終是令人氣憤的。返航的戰艦大部分受損嚴重，已無法繼續使用，而大修又需要許多資金。議會多次向查理二世提出用於維修艦船的財政撥款要求，而國王竟然將之前已批准的款項中的大部分用於宮廷事務去了。雪上加霜的是，法國人趁火打劫，不斷對英國商船進行劫掠，損失越來越大。

原本想著從英荷戰爭中撈取巨大經濟利益的倫敦商人在看到得非所願後，對戰爭的熱情支持明顯下降。艦隊的補給因財政匱乏始終不足，各類軍備與補給供應商也因長期未收到貨款，拒絕再進行賒購。這次海戰損失了不少兵員，想要重新徵召困難重重，海軍部試圖透過發行「票證」來解決，但收效甚微。他們心裡很清楚，這種所謂的「票證」不過是一張空頭支票而已，甚至有沮喪的海員把「票證」以極低的價格賣給投機商。山繆．皮普斯（Samuel Pepys）在日記中寫道：「我用了整整一上午把他們昨天和前天從家裡拖出來的壯丁們裝上船，這些人大部分不適合出海。其中很多人都很有教養，真是一種恥辱。」就連一向以繁榮著稱的「泰晤士河渡口也完全崩潰了，因為渡船工人害怕被拖上戰艦甲板，都逃走了」。鼠疫和大火造成了巨大的損失，僅重建費用就達到了一千萬英鎊。一六六六年八月四日至五日是英國的聖詹姆斯日，按理說，這一天的海戰勝利或多或少能為英國人帶來點什麼改變。然而，這樣的勝利卻沒有讓英國人厭戰的情緒得到好轉，也沒有讓財政的枯竭得到緩解。

不得不再說說魯伊特的厲害之處。在四日海戰擊敗英國艦隊後，他決定再給英國人一次沉重打擊，以此徹底摧毀英國艦隊。在荷蘭大議長約翰．德維特（Johan de

Witt）的命令下，他開始實施一項計畫：摧毀正在肯特郡查塔姆（Chartham）地區梅德韋港（Medway）整修的英國艦隊。為了達到這個目的，荷蘭人成立了世界上第一支用作兩棲登陸的海軍陸戰隊，兩千七百名海軍陸戰隊員將分乘十艘艦船。為確保這次突襲的勝利，魯伊特決定聯合法國艦隊。然而，計畫實施的那天，法國艦隊沒有出現，加之當天天氣狀況十分惡劣，雖然一些英國艦隊準備開出港口已產生了戰機，但猛烈的海上風暴把荷蘭艦隊趕回了佛蘭芒海岸，八月一日的海上行動被迫取消。

八月三日荷蘭艦隊再次穿越北海。這一次，魯伊特打算突襲。經過一系列準備，八月四日艦隊出航了，不料在多佛爾海峽的北部海域與英國艦隊相遇。這是一支由魯珀特親王和喬治·蒙克聯合指揮的艦隊，雙方展開了較為激烈的海戰，荷蘭艦隊損失了兩艘艦船，傷亡一千兩百人，英國方面死亡三百人。隨後，荷蘭艦隊撤離。

八月八日發生了著名的「霍爾姆斯篝火事件」。這是英國人為了報復之前荷蘭人的襲擊行為，霍爾姆斯奉命率領一支小型分艦隊突然出現在弗利蘭島（Vlieland），卻意外發現隱藏在這片海域的荷蘭商船。這些商船的數量有一百五十多艘，鱗次櫛比地排在一起，由於荷蘭人幾乎沒有防備，英國人輕輕鬆鬆放了把火將船隊付之一炬，隨後英國人又劫掠了弗利蘭島。

這樣看來，荷蘭人失敗了！但是，荷蘭人在戰略上取得了巨大勝利，因為英國人在相對較長的時間裡再也無力造艦了，加之瘟疫、火災和財政嚴重吃緊，更沒有能力發動大規模海戰。在這種情形下，英國人怎能高興得起來？「榮耀勝利」的背後卻是士氣的再次低落。事實上，荷蘭人也不好過，長期的戰爭耗費了大量財力、物力和人力。於是，雙方要求和平談判的意願也日趨明顯，但是荷蘭人有著祕密打算。荷蘭大議長約翰・德維特決定透過一場驚人的勝利來為談判獲取最大的利益，他的計畫是突襲梅德韋港，劫掠那裡的黃金、木材和油脂等物資，要知道那裡僅黃金儲存量就高達四五噸。

這次突襲能成功的原因是多樣的，最重要的一點是一六六七年初，在確認法國無意進攻英格蘭後，查理二世決定不再繼續增加海軍裝備，也不再理睬荷蘭採取積極進攻的各種信號。這可能是導致英國人放鬆警惕而損失慘重的原因。

一六六七年六月十九日，魯伊特率領荷蘭艦隊到達泰晤士河口。當時正值黑夜漲潮，這為艦隊順流航行提供了很大的便利。艦隊透過連續炮擊很快就占領了英國希爾內斯（Sheerness）炮臺，存儲在這裡的四、五噸黃金被荷蘭人全部奪取，外加大量木材和油脂等軍用物資。二十二日，荷蘭艦隊到達查塔姆船塢，在炮火的猛烈轟擊和縱火船的焚燒下，停泊在那裡的十八艘巨艦有六艘被摧毀，喬治・蒙克的旗艦「皇家查理」號（Royal Charles）也被荷蘭人帶回國內。今天，在荷蘭國家博物館還能看到這艘被繳獲的巨艦上的木刻艦艏徽章。

這次行動給英國造成了近二十萬英鎊的損失。一位目擊者寫道：「這些威武雄壯、戰績輝煌的戰艦的毀滅，是我生平所看見的事情中最令人心痛的。每一個真正的英國人見了都會傷心泣血的。」面對這雪上加霜的損失，英國人倍感恥辱，而許多英國人因內心恐慌，欲逃離倫敦。很快，一場關於追究責任的爭吵便展開了。山繆．皮普斯在六月二十四日的日記裡這樣寫道：「D．高登昨天對我說，樞密院會議上吵得很厲害，人人都想把因指揮失誤導致大型戰艦未能啟動的責任推給別人。」

約翰．德維特的計畫成功了！一六六七年七月三十一日，英荷兩國在布雷達城堡簽訂了《布雷達和約》。荷蘭政府為表彰魯伊特為合約簽訂所起到的重要作用，決定賞賜他一個價值不菲的金杯。這是一份雙方都互有妥協的和約。對英國而言，除了《海航條例》繼續生效，還得到了新阿姆斯特丹，並獲得哈德遜河流域的殖民權。荷蘭方面，則重新獲得荷屬東印度群島以及在南美洲蘇利南（Suriname）[13]的權益。

然而，《布雷達和約》的簽訂並沒有讓戰火得到長久的停歇，僅過了五年，烽煙再起。而一個國家的加入，使得局勢變得更加複雜起來。

它就是法國。

13 南美洲北部國家。

03
法國加入

查理二世做了一件非常絕密的事情，據說只有極少數核心大臣才知道此事。

《布雷達和約》的簽訂意味著第二次英荷戰爭結束，但是圍繞著這次戰爭的失敗責任歸屬問題，英國議會和宮廷之間爆發激烈的爭吵。英國曾在第一次英荷戰爭海戰中擊敗荷蘭，國民和議會對第二次英荷戰爭的勝利抱有很大的希望。議會指責國王在情婦和奢侈生活中揮霍太多，在戰爭中有指揮不當之嫌。王室則指責議會過於吝嗇，沒有為國王提供足夠的經費用於戰爭所需。

查理二世的首席大臣克拉倫登伯爵愛德華·海德（Edward Hyde，一六〇九—一六七四年）清楚地意識到，這樣的爭吵推諉是沒有任何意義的，於是，他開始從中斡旋。早在查理二世即位時，他就是著名的和事佬。查理二世即位後想大開殺戒為父王報仇，若不是這位重臣斡旋，會有更多的人受到傷害，最終查理二世只殺了九人。這一次，克拉倫登伯爵繼續從中斡旋，希望平息爭端。然而，他卻遭到雙方的一致彈劾，成為戰爭失敗的替罪羊，以叛國罪論處，被流放。

這是復辟以來，英國政壇上首次出現權力真空，而議會這方也缺乏有力的領導。查理二世的盤算實現了，他趁著混亂的局面擴大了自己的權力與影響。

即便如此，英國面臨的最大問題也沒有解決，這就是財政狀況不容樂觀。雖然查理二世即位時，凱薩琳王后從葡萄牙帶來了八十萬英鎊的嫁妝，以及出售敦克爾克獲得了五百萬里弗爾（法國貨幣，鑄造於圖爾城，是當時英法交易最常用的貨幣，一里弗爾相當於一磅白銀），但是，財政吃緊的狀況仍然沒有得到解決。查理二世多次向議會提出財政申請，每次都被否決，這讓他心裡十分惱火。第二次英荷戰爭開始，議會終於撥款六百萬英鎊。這筆鉅款仍舊不能滿足戰爭所需，加之大瘟疫和倫敦大火等接踵而至，財政幾近癱瘓。為了解決財政危機，議會於一六六八年五月開始徵收酒類和醋稅，議會由此增加了對王室的撥款。到一六七〇年，查理二世的財政收支才基本達到平衡，但是戰爭中欠下的鉅款還是無力償還。

第二次英荷戰爭失利後，英國的國際地位下滑。十七世紀後半葉的英國，宗教問題十分敏感，許多英國人對歐洲大陸的天主教國家有猜忌。荷蘭和英國都信仰新教，但問題是兩國在海外貿易、殖民地問題上存在著很大的利益糾紛，加之查理二世的外甥奧蘭治親王威廉和大議長約翰．德維特的權力爭鬥，使得荷蘭在外交政策中有意疏遠英國。一六六二年，為了抵抗來自西班牙的威脅，荷蘭同法國結盟。但因為斯圖亞特王朝和波旁王室有姻親關係，所以即便法國在第二次英荷戰爭中對荷蘭有戰略上的幫助，它和英國的關係也算良好。

查理二世的國務大臣阿林頓伯爵亨利・貝內特（Henry Bennet，一六一八—一六八五年）認為，英國在國際舞臺上應該有更多的發言權。如果英國能與西班牙合作，就能抵抗來自荷蘭與法國結盟的威脅，也必然會得到哈布斯堡王朝的感激，繼而從廣袤的西班牙殖民帝國中得利。

不過，查理二世更欣賞法國的傳統君主制，他迫切希望自己也能建立起路易十四一樣的專制統治。而議會不信任任何大陸天主教國家，對信奉新教的荷蘭抱有仇視的態度，這也是查理二世與議會矛盾不可調和的重要原因之一。對此，當時法國駐英大使魯維尼侯爵亨利・德馬敘（Henri de Massue, 1st Marquis de Rouvigny）曾以蔑視的口吻評價道：「他們不信任我們，看不起西班牙，卻又仇視荷蘭。」[14]

查理二世面臨的窘境就是，身邊剩下的大臣們分崩離析、誠惶誠恐（首席大臣

14 黃麗媛、陳曉律的《對 1670 年英法〈多佛爾條約〉的重新解讀》，外文史料可參閱利奧波德・馮・蘭克所著的《英國歷史・第三卷》（*History of England. Vol. III*）。

克拉倫登伯爵成為替罪羊，該事件對他們影響很深），而他在大陸上沒有一個盟友。內憂外困的查理二世倍感憋屈，他得想盡辦法解決眼下的危機。

§

時機來了！一六六七年爆發了法西遺產戰爭。路易十四的王后瑪麗·泰瑞莎是西班牙國王腓力四世的長女，一六六〇年，她嫁給了路易十四。這場聯姻能成功是有一定條件的，兩國曾商定以五十萬鎊的嫁妝換取其放棄對西班牙王位的要求。本來這事應該沒有什麼爭議了，但腓力四世去世後，一場關於他遺產的紛爭開始了。路易十四要求得到弗朗什—孔泰（Franché-Comté）、納瓦爾（Naval）和那不勒斯等領地，即位的皇帝卡洛斯二世（瑪麗·泰瑞莎的弟弟）也答應了。但路易十四野心十足，他還要求得到西屬尼德蘭（大致相當於今天的比利時和盧森堡），西班牙王室斷然拒絕了。

查理二世從中嗅到某種氣息了，一六六七年三月底，他向路易十四承諾絕不與神聖羅馬帝國締結任何反法同盟，以此換取路易十四在英荷爭端中採取友好立場。

一六六七年五月，路易十四進軍西屬尼德蘭，到夏季結束的時候，幾乎將這一地區全部占領。荷蘭人開始感到恐慌了，因為這一地區是法國與荷蘭軍事、政治的緩衝地帶。這塊地區如果沒有被法國占領，至少可以讓法荷兩國不直接接壤，同時可以緩解荷蘭人對法國崛起的不安和猜忌。

其實，荷蘭人早就嗅到了其中的危險信號。早在一六六三年，荷蘭大議長約翰・德維特就曾向路易十四建議，能不能在兩國之間建立一個中立的國家（即比利時）。路易十四也不想過早地得罪荷蘭，就對這個建議很感興趣。可是荷蘭的商人，尤其是阿姆斯特丹的商人不同意，並激烈反對，這事就沒有成。荷蘭國內的許多官員一直憂心忡忡，對法國的擴張感到害怕。荷蘭大議長約翰・德維特卻竭力令同僚們相信，荷蘭應該努力和法國合作而非與之為敵。

事實證明，這位大議長的判斷是錯誤的。法國人並不友好，當太陽王路易十四決定進攻荷蘭聯省共和國並勢如破竹時，威廉三世徹底憤怒了，他決定先安定內部，設法徹底除掉約翰・德維特，奪回本該屬於奧蘭治家族的荷蘭執政地位。據說，後來約翰・德維特的死狀極慘。荷蘭著名畫家揚・德巴恩（Jan de Baen）一幅名為《德維特兄弟的屍體》（*The Corpses of the De Witt Brothers*）的作品將之血腥地呈現了出來：屍體倒懸，無數民眾一擁而上，或將屍體開膛破肚，或投擲石頭、臭雞蛋來表達心中的憤怒，人們都認為是他讓荷蘭陷入到亡國的危險境地。

歐洲大陸的劍拔弩張，以及荷蘭與法國同盟關係的動搖，給了英國介入大陸事務，擺脫孤立地位帶了契機。英國人首先想到了荷蘭，儘管兩國之間鬧了許多的不快，甚至兵戎相見，但為了政治、經濟等多方面的利益，時敵時友並不奇怪。一六六七年九月，英國駐布魯塞爾公使威廉・坦普爾爵士（William Temple，一六二八－一六九九年）在海牙會見了荷蘭大議長約翰・德維特，這次會見的目的是希望能達成英荷結盟抵制法國的共識。約翰・德維特卻認為，除非英國首先站出來反對法國否則無法達成，這表明他心中更趨向於法國這方的利益。查理二世的國務大臣阿林頓男爵也積極利用他國斡旋，他試圖說服西班牙與英國結盟，共同抵制法國，但是卡洛斯二世斷然拒絕了（英國和西班牙曾因爭奪海外殖民地和貿易而發生多次戰爭，特別是一五五八年無敵艦隊慘敗於英國皇家海軍，導致西班牙的國際影響力驟然下降），甚至還把一個向法國投誠的蘇格蘭軍團遣回了法國。

路易十四的野心是誰也阻擋不了的，他的態度十分堅決，要麼西班牙承認現在的領土狀況，並對法國王位繼承權做出承認，要麼就開打。西班牙的態度也很堅決，不讓步。這樣一來，雙方陷入到膠著的狀態，事態的主導權實際上就落在了英國和荷蘭的手中。

荷蘭的想法是法西兩國能儘快結束戰爭，特別是大議長約翰・德維特，他利用自身的影響力極力說服議會，西班牙在遺產戰爭中已處於劣勢，根本無力挽回戰局，只有站在法國這邊才能促使西班牙早日接受和平條約。荷蘭人的盤算是，只要雙方簽訂了條約，就可以一箭雙雕：其一，削弱西班牙的勢力；其二，扼制住法國擴張的腳步。

英國的想法與荷蘭相反，它積極宣導建立一個反法同盟，力圖把荷蘭拉回到自己的陣營。坦普爾爵士於十二月再次來到荷蘭，試圖說服約翰．德維特建立英荷同盟，共同抵禦來自法國的威脅。大議長依然固執己見，並說：「毫無疑問會導致荷蘭與它的老朋友法國決裂，只能依賴於英國提供的、新近成立的、並不見得可靠的同盟。」如此堅定回絕，應該是荷蘭人知道了查理二世正在與法國祕密協商，密謀建立一個反荷同盟。[15]

與之同時，英國依然沒有放棄說服西班牙與己結盟，只要西班牙同意，英國可以為捍衛西班牙的君主制而出一份力。但是，西班牙得接受兩個條件：其一，戰爭的費用理應由西班牙來承擔，查理二世的開價是一百萬比索；其二，每年允許若干船隻駛往墨西哥、布宜諾斯艾利斯和菲律賓群島進行自由貿易，英國商人在安特衛普

15 相關內容可參閱弗裡德里希·席勒《三十年戰爭史》一書。

擁有貿易特權，甚至是與漢薩同盟進行貿易的特權，必要時國王可以進行干預，確保特權不受侵犯。

看來，查理二世是想左右逢源。作為一名君主，他能夠同時向三個鄰國建議結成擴張性同盟——與荷蘭密謀反法，與法國商議對抗荷蘭和西班牙，並且同西班牙密謀結盟對付法荷。然而，在這麼多的建議中，兩個基本的立場是不變的——對金錢（或曰補給）的要求，以及對英國全球貿易的利益保證。簡單來說，查理二世需要錢，太需要錢，他必須變得狡猾無比。

雖然約翰．德維特極力說服荷蘭議會同法國結盟，但議會中的大多數代表卻更傾向於同英國結盟，加之許多荷蘭人對法國的擴張感到害怕，一六六八年一月二十三日，英荷同盟成立，同年四月，瑞典也加入這個同盟，三國同盟正式形成。

然而，三國同盟從來就不是一個穩固的聯盟，英國和荷蘭乃至瑞典（作為新近崛起的區域性大國，在同盟中的角色、話語權都還不穩固）的關係中，最重要的一點就是彼此之間的利益分配無法達到長期一致。

一六六八年五月，西班牙與法國簽訂了《亞琛和約》。條約規定，法國將自由郡歸還西班牙，允許法國在法蘭德斯擴充邊界，里爾城（該城十分繁榮，具有較強的經濟實力）屬法國。英國、荷蘭和瑞典作為擔保人，確保雙方遵守條約規定的領土現狀，西班牙需要向三國支付年金。於是，法西遺產戰爭到此結束。

事實上，英國、荷蘭和瑞典並不是讓路易十四放下武器，促成與西班牙談判的關鍵。真相是，早在《亞琛和約》簽訂的前幾天，路易十四與利奧波德一世（Leopold I）簽訂了一份條約，利奧波德一世對路易十四開出的條件表示默許。

《亞琛和約》簽訂不到三個月，反法同盟的脆弱性就體現出來了。英荷兩國在赤道地區的貿易爭端一直沒有得到解決，西班牙王室也拒絕支付用於擔保的年金。倍感委屈的查理二世威脅說要退出三國同盟，路易十四趁機向英國提出結盟的意願，以此瓦解三國同盟。

於是，一項十分祕密的條約正在協商中。

§

這就是鮮為人知的《多佛爾條約》（*Treaty of Dover*）。

其主要內容體現在兩方面：其一，英法兩國聯合發動對荷蘭的戰爭；其二，查理二世許諾皈依天主教。

《多佛條約》的簽訂導致了第三次英荷戰爭爆發，法國也因這個條約的簽訂加入到戰爭中來。顯然，這是符合太陽王路易十四的爭奪世界制海權的意願的。在重臣讓—巴蒂斯特．科爾貝的籌劃下，法國建立了一支實力不容小覷的艦隊。

英荷之爭也因法國的加入，變得劍拔弩張起來。

一六七二年三月，英國在沒有宣戰的情況下突然襲擊了一支荷蘭的商船隊，第三次英荷戰爭爆發。在法國的加入下，荷蘭壓力倍增，這次戰爭不同以前兩次，它既有海戰，也有陸戰，荷蘭丟失了大部分國土，損失慘重。

在這緊要關頭，因一個人的揭發使得局勢有了改觀。問題出在英國這面，沙夫茨伯里伯爵安東尼．阿什利．庫珀（Anthony Ashley Cooper, 1st Earl of Shaftesbury，一六二一—一六八三年）揭發了《多佛條約》，此人是輝格黨領袖，在國會中經常反對國王查理二世。當這份密約昭示於世人眼前，英國上下頓時譁然，激烈的反對聲不絕於耳。查理二世的行為激化了民眾對天主教法國的恐懼與仇恨。在《多佛條約》裡有一項內容是這樣的：認識到天主教乃是唯一正確的信仰，查理二世允諾在環境允許的情況下公開皈依，並與羅馬教皇和解……，如果查理改宗在國內引起叛變，路易十四須向其提供六千人的軍隊，費用由法方承擔。十七世紀以來，查理二世因《多佛條約》而變得更加臭名昭著，特別是輝格派的歷史學家將他的行為看作是賣國，口誅筆伐似乎沒有停過。

在民眾的巨大壓力下，國會也開始反對與法國結盟，不願繼續撥款給查理二世。

身心疲憊的查理二世只能在無奈中退出戰爭。這次戰爭使英國得到了荷蘭部分殖民地，以及二十萬英鎊的補償，一六七四年，第三次英荷戰爭結束。前述四日海戰的重要性在於，荷蘭給英國帶來的巨大損失並迫使其必須想盡辦法走出困境。四日海戰雖不多時，其影響力是深遠的，但在第三次英荷戰爭結束後，荷蘭的海上強國地位也隨之走向終結。

隨著荷蘭從制海權的爭奪中退出，英國不得不對曾經的盟友展開殺手。更何況，法國的野心也是不可遏制。這種不可調和的矛盾最終導致一場海上大絕殺的到來，並在一八〇五年的特拉法加（Trafalgar）海戰中一決雌雄。

Chapter II

海上霸主的捍衛

特拉法爾加不沉默

（西元 1805 年）

濃密的煙霧中到處都閃著火光，爆炸聲不絕於耳；很多戰艦幾乎已經沒有船艙了，被濃密的硝煙包裹著；有些對手擦肩而過卻毫無察覺，或者偶然地陷入廝殺；海上到處漂浮著殘骸碎片與屍體。

——英國歷史學家彼得・瓦立克《來自特拉法加海戰的聲音》

01
一份合約一個陰謀

統治法國多個世紀的波旁王朝因一七八九年七月十四日的法國革命被推翻。一七九三年一月，法蘭西第一共和國將國王路易十六公開處決，這讓英國找到了一個開始爭端的藉口。隨後，英國人驅逐了法國駐英大使。反法聯盟（英國聯合奧地利、普魯士、那不勒斯和撒丁王國組成）的成立，使得雙方在陸地和海洋都展開了激烈的戰鬥。

一七九九年十一月九日，拿破崙發動軍事政變，一手掌握法國的軍政大權。一八〇〇年六月，拿破崙擊敗奧地利軍隊，獲得了著名的馬倫哥（Marengo）戰役。隨後，俄國、土耳其等國家紛紛與法國締結和約，第二次歐洲反法聯盟徹底解體，英法兩國於一八〇二年三月二十五日簽訂《亞眠和約》，暫時休戰。

小威廉·皮特（William Pitt the Younger）[1]，人們也習

1　一七五九—一八〇六年，十八世紀晚期、十九世紀早期的英國政治家，英國最年輕的首相。

慣稱他為小皮特。小皮特有大戰略，他要透過一場絕殺完成自己重掌大權的夢想。他清楚地意識到英國的國力已經在戰爭中獲得增長，英國能經受得起來自各方面的壓力。《亞眠和約》簽訂以來，看似雙方已經休戰，但是暗藏的洶湧巨浪終將到來。因此，《亞眠和約》（*Treaty of Amiens*）被撕毀是早晚的事。

自從《亞眠和約》被撕毀，英國在較長一段時間裡採取的政策都是防禦性的。法國則表現出處處鋒芒畢露的樣子，拿破崙倚仗他的十全武功，肆無忌憚地踐踏著由他訂立的種種外交約定（如拿破崙不遵守一八〇一年簽訂的《呂內維爾和約》，迫使荷蘭與法國結盟），這樣做的目的在英國人看來，就是要將英國孤立於歐陸之外。

這一時期統治英國的是阿丁頓政府。這是一個追求和平的政府，如果要說得更深入一點，這是亨利・阿丁頓（Henry Addington）[2]對法媾和的彰顯。但是，英國人無法忍受了，面對法國的咄咄逼人，阿丁頓政府終於在一八〇三年五月十三日對法國宣戰了。

2　英國政治家，一八〇一—一八〇四年擔任英國首相，以在其任內簽署《亞眠和約》而著名。一八〇〇年，小皮特為解決愛爾蘭叛亂而提出愛爾蘭合併法案與天主教徒解放法案，但英王喬治三世作為英國國教守護者，強烈反對解放天主教徒。隨後，小皮特辭職，由阿丁頓接任首相。

可宣戰是一回事，進行戰爭則是另一回事。事實證明開戰已經超出了該屆英國政府的能力，他們完全受制於法軍的入侵威脅，讓拿破崙奪取了主動權。由於陸軍弱小，英國在歐陸發動攻勢的希望完全破滅，而自信的拿破崙則能夠得意地向那些試圖抵抗他的國家發動攻擊。

陸上的優勢無存，只能寄託於海上。考慮到在之前的一些海戰中的精彩表現，英國所能具備的攻勢將體現在海戰上。採取這樣的戰略，就是要摧毀法國的海外貿易及其不穩固的殖民地，顯然，這是非常明智的選擇。

作為對法國肆意行為的回應，英國拒絕按照《亞眠和約》的約定從馬爾他撤軍，新的戰爭因此而起。在西印度群島的英國海軍奪取了托巴哥（Tobago）[3]，德梅拉拉（Demerara）[4]，埃塞奎博（Essequibo）[5]，伯比斯（Berbice）[6]和蘇利南

3 該島位於加勒比海西南部，格瑞那達東南，千里達島西北。哥倫布第一次見到托巴哥是在一四九八年八月十四日，隨後幾個國家為占領該島展開鬥爭。一九六二年，千里達和托巴哥從英聯邦獨立出來，一九七六年成為一個共和國。
4 位於南美洲北海岸的蓋亞那，現在是蓋亞那共和國的一部分。
5 位於蓋亞那中部，是蓋亞那最大的地區。
6 位於蓋亞那東部。

（Suriname）[7]這五處屬於荷蘭的據點——實際上，法國已經吞併了荷蘭諸多據點，這意味著矛盾焦點最終定格在英法之間。

英國人嚴厲地指出，如果法國不讓英國在歐洲格局中占據一席，法蘭西也別想在大海的對岸享有任何餘地。面對英國從海上發動戰爭的策略，拿破崙倍感頭疼，因為英國人較為嚴重地破壞了法國的海外貿易。

這麼好的戰略，阿丁頓政府卻無法將之完美地發揮。小皮特趁著這樣的時機重掌大權。在他的努力下，英國本土的正規軍由之前的五萬餘人，到一八〇四年的夏天就增長到八．七萬人，另外還有八萬名民兵和三十四．三萬志願兵，其總兵力超過了五十萬。小皮特在完成這樣的部署後，開始著手增強正規軍的兵力。

但即便如此，對於像小皮特這樣有著睿智與謀略的人來說，他不會衝動得不考慮後果地就像拿破崙這樣的厲害對手一樣採取單邊行動。因此，他需要借助其他的力量來為自己的戰略實施提供保障。那麼，能夠與英國結盟的國家會是誰呢？

英國在拿破崙眼中孤立無援，但他可能忽略了俄國的存在。況且，拿破崙在荷

7 南美洲北部國家。

蘭、義大利與瑞士的行為會使俄國相信他想建立歐洲帝國的野心一刻也不會停息。因此，俄國不可能坐等法國強大到無法與之抗衡的地步。

俄國人感受到一種類似於失勢的危機，如果英國能夠給予他們有效幫助，那麼，這兩個「同病相憐」的國家就能走在一起，抱成團了。

適逢拿破崙正在進行一項計畫，打算從阿爾巴尼亞與希臘兩路攻略鄂圖曼帝國。俄國人彷彿嗅到了某種威脅，這種威脅感和英國人的感觸是多麼相似，兩個國家必須密切關注拿破崙的動向。如果鄂圖曼帝國被拿破崙擊敗，法國就能完成攻向印度的重要一步。英國人對印度，包括俄國人對印度都是非常看重的。無論從海上貿易還是從控制出海口而言，此時的兩國有著共同的敵人拿破崙。從戰略上考慮，俄國在科孚島與愛奧尼亞群島保持一支小艦隊與一支駐軍，英國固守位於東西地中海交界之處的馬爾他島就可以。拿破崙曾公開表明意圖，拿下南義大利，讓其成為近東攻略的起點，而俄國已將那不勒斯王國納入其特殊保護之下。同時自克倫威爾時代以來，英國人的防禦目的，特別是要防止兩西西里王國（西西里和那不勒斯）落入法國之手。

在這樣的背景下，沙皇的大使沃龍佐夫（Vorontsov）向剛剛上任的英國首相小皮特傳達出一份建議：俄國準備從黑海調出一支大軍，隨時做好調往愛奧尼亞群島或是義大利的準備，希望英王陛下能在馬爾他保有一支部隊作為呼應，必要時兩國軍隊可以聯合作戰。倘若兩國聯合，按照英國著名海洋戰略家朱利安・斯塔福德・科貝特（Julian Stafford Corbett）所著的《特拉法加戰役》一書中的觀點：「英俄兩國的聯合意圖正是那條最終導致特拉法加海戰的線索的起點……如果拿破崙不是被它困擾，這場歷史上最為著名的海戰就根本不會發生。」

§

法國在歐洲大陸有著稱霸的野心，如果這種野心得不到控制，將對英國甚至其他歐洲國家造成極大的威脅。英國人慣以施行均衡戰略——英國似乎對歐洲大陸崛起的國家有著一種天然的敵視。其實，核心的問題還是各國在擴張的過程中，都不能損及各自的利益罷了。顯然，這樣的理想均勢不可能長久，當雙方的矛盾無法協調，戰事紛爭就不可避免。英國人借助英鎊的巨大誘惑力圖組建一個反法同盟。

因此，不僅俄國是該同盟的理想成員，奧地利也是。

按照沙皇的意圖，他也希望在英國的支持尤其是財政支援下與奧地利、普魯士、瑞典組建一個防禦同盟。然而，這些的國家是否願意加入尚不得而知，且組建起這種同盟也勢必要花費相當多的時間，拿破崙就可以利用這樣的時間強化他的實力。

於是，英國和俄國都感受到事態的嚴重性，時間對它們來說簡直太重要了。因此，只需能快速地結合在一起，至少能夠共同阻止拿破崙在地中海繼續向前拓展的勢頭。根據《亞眠和約》中的規定，拿破崙撤出在那不勒斯的奧特朗托以及塔蘭托的軍隊。眾所周知，《亞眠和約》不過是一個停戰協議而已，至於遵守與否，很難因為協約精神而讓彼此有所顧忌。拿破崙深知這兩個地方的戰略意義，從這裡出發，拿破崙不僅威脅著亞得里亞海對面的陸地，而且還可以穿過卡拉布里亞，向西西里島發起突襲。所以他又重新占領了這兩處義大利南部的海港。

這是對當前局勢最為致命的威脅。重新掌權的小威廉．皮特必須要消除這樣的威脅，否則他很有可能再次失權。

小皮特有自己的戰略，或者說「陰謀」，雖然這樣的說法很不好聽，但他的確向俄國採取了非常手段。根據戰略部署，英國要在地中海投入軍力，而這又必須獲得俄國的支持才行。於是，他向沙皇闡明，法國的威脅是巨大的，而反法同盟必須要有進攻性，且應立即展開行動，否則同盟的成立就形同虛設。

正如沙皇之前的意圖，沙皇認同了英國人的觀點，隨即要求英國加強在地中海的駐軍力量，並組建一支能在義大利作戰的部隊。對於沙皇的要求，小皮特也完全同意，希望在時間上充裕一些。

小皮特要求寬限兩三個月，因為英國目前還沒有足夠兵力進行這樣一場遠征。英國駐俄大使約翰・博萊斯・沃倫（John Borlase Warren）[8]將軍馬上補充道，英國可以在馬爾他與直布羅陀的駐軍中騰出一大部分來組建一支軍隊，剩餘兵力將在沙皇組建攻守同盟之後很快抵達。

於是，俄國要求拿破崙「撤出普利亞（Puglia），妥善處理義大利問題，對撤丁國王做出賠償，並從北德意志撤軍。如果法方在二十四小時內未能做出令人滿意的回應，俄國大使就將離開巴黎」。[9]

小皮特則希望俄軍立即奪取從塔蘭托通向卡拉布里亞的道路，而沙皇則認為其首要目的是獨自將法軍逐出那不勒斯王國。據此，我們可以看出沙皇的目的在奧地利加入同盟之前是不可能實現的。但如果沙皇能與英國達成一致，至少會得到英國在馬爾他的兩千兵力的支持。另外，在雙方未能達成一致前，英國還需要防範法國穿越卡拉布里亞奇襲西西里。一旦失去了西西里這個絕好的補給基地，英國在地中海

8　一七五三—一八二二年，英國海軍將領、政治家、外交官，他於 1802—1804 年期間擔任駐俄大使。
9　詳情參閱約翰・霍蘭・羅斯（John Holland Rose）所著的《威廉・皮特與大戰》（*William Pitt and the Great War*）。

的艦隊就很難繼續保持在有效的陣位上。

綜上所述，在英俄的利益融合中，英國手中的王牌在於地中海的制海權，而這又取決於霍拉肖·納爾遜對法國土倫艦隊的控禦。正如英國外交大臣哈羅比（Harrowby）勳爵達德利·賴德（Dudley Ryder）對駐俄大使格蘭維爾·萊韋森—高爾（Granville Leveson-Gower）勳爵所言：「如果西西里陷落，能否像現在這樣保持對土倫（Toulon）的有效封鎖就會成為問題。萬一法國艦隊從港口逃出，並向亞得里亞海派出任何足夠強大的分艦隊，俄國政府就會擔心他們在這一海域中的艦隊有暴露的風險，而法軍也就有機會向阿爾巴尼亞或者希臘南部的摩里亞半島（MoreaPen，今伯羅奔尼撒半島）發起成功的攻擊。」[10]

對此，納爾遜也持有相同觀點。並且，他極力主張用不著近距離封鎖土倫，只要在一定距離上積極地監視著土倫艦隊就可以了。一旦這支艦隊向東方出擊，危及他所特別保護的地區，自己一定會果斷出擊。他分析道：「法軍有可能向西駛出直布羅陀海峽，也可能向東。英軍最理想的海軍基地應駛向那不勒斯或地中海東部，唯

10 更多內容可參閱朱利安·科貝特（Julian Stafford Corbett）的《特拉法加戰役》（*The Campaign of Trafalgar*）。

有薩丁島與西西里島是英軍戰略位置的關鍵。」[11]

自納爾遜統領地中海艦隊以來，他一直向英國政府強調薩丁島的戰略意義。小皮特上臺不久就在給納爾遜的指令中表達了本屆政府對這一觀點的讚許。法國方面，在布列斯特（Brest）的艦隊即將有行動。然而，拿破崙不知道出於何種原因，最終意識到入侵英國的計畫不可行，此原因至今尚不清楚。一種可供參考的說法是，一八〇四年秋天來臨之際，拿破崙意識到小皮特與沙皇達成的陰謀，因此，他將工作重心投入到加冕稱帝去了。這一年的冬天，他放棄了所有侵英計畫，拆除了大部分運兵船。花費數百萬法郎挖掘的水道很快就被海沙填埋。這一舉措，無疑讓國民失望，軍隊士氣低落。為了轉移矛盾，拿破崙開始把戰爭焦點轉向奧地利。

奧地利感受到威脅，在沙皇的施壓下，奧地利對法國的態度變得強硬起來，並開始擴充軍隊。考慮到亞得里亞海末端和提洛羅爾（Tyrol）具備建立彈藥補給站的重要作用，奧地利打算利用這樣的地理優勢直接對拿破崙奪取的義大利發動突襲。此時，英國和俄國的聯盟談判即將完成，奧地利就更加傾向於英俄了。

---

11 相關內容可參閱艾爾弗雷德・馬漢（Alfred Thayer Mahan）的《納爾遜傳》（*The Life of Nelson: The Embodiment of the Sea Power of Great Britain*）。

在拿破崙看來，這一時期法國的局勢已經非常嚴峻了。正在一籌莫展之際，他發現西班牙將是解除困境的切入點，它的中立早就形同虛設——西班牙迫於法國的威脅已對法國艦隊開放港口[12]。因此，只要再對它施加壓力，西班牙就會加入到自己的陣營。小皮特不愧為卓越的戰略家，他不宣而戰地對西班牙運寶船發動了突襲。自驍勇的法蘭西斯·德雷克慣用這樣的伎倆後，英國人似乎樂此不疲。

一八〇四年九月底，納爾遜正在地中海，亞歷山大·英格利斯·科克倫（Alexander Inglis Cochrane）則在費羅爾（Ferrol）[13]港外，兩人都接到小皮特突襲西班牙的命令，要求兩人奪取從蒙特維多（Montevideo）歸航的西班牙運寶艦隊。此外，一支由約翰·奧德（John Orde）爵士統領的艦隊正在組建，主要用於封鎖加的斯與安達盧西亞海岸。一八〇四年十月五日，格雷厄姆·莫爾（Graham Moore）[14]

12 在法國大革命爆發後西班牙曾一度加入反法同盟，與英軍一起入侵土倫，摧毀了法國在地中海的艦隊。之後，西班牙遭法國入侵，一七九六年八月被迫與法國媾和，並簽訂反英同盟。一八〇三年十月十九日，西班牙再次與法國簽訂協約，宣布中立，代價是向法國艦隊開放港口。

13 西班牙加利西亞自治區拉科魯尼亞省的一座城市，位於大西洋海岸，是西班牙海軍的重要基地，也是重要的造船中心。

14 一七六四—一八四三年，英國海軍軍官，英國著名陸軍中將約翰·莫爾爵士的弟弟，一八〇三年後負責指揮四艘巡航艦組成的艦隊。

的特遣巡航艦隊採取不宣而戰的策略，成功捕獲了四艘西班牙運送黃金的運輸船隊，劫掠成功後他的特遣隊加入了羅伯特．考爾德（Robert Calder）海軍中將的費羅爾封鎖艦隊。英國的種種行為，加之拿破崙的一再施壓，導致西班牙與法國結盟，隨後西班牙沒收了在其領土範圍內的英國資產，在費羅爾修建海軍基地，並下令攻擊英國船隻。一八〇四年十二月十二日，西班牙正式向英國宣戰。

西班牙的參戰意味著拿破崙的艦隊實力得到了較大的增長，因為西班牙至少提供了三十二艘戰列艦。不過，由於西班牙是在尚未做好充分準備的情況下參戰的，因此拿破崙最終在一八〇五年春天的時候，能得到大約二十五艘戰列艦。在這之前，拿破崙只能單獨行動。

拿破崙有著自己的戰略，他並不是一開始就大規模地進攻，而是採取襲擊殖民地的方式，進而顛覆英國小皮特政府。然而，英國人對制海權的重視程度最終讓該計畫未能實現，因此除了靜觀其變，或許沒有他法。不過，需要注意的是，有三支艦隊正集結在某一處的海港裡，如果西班牙能早點完成備戰，那麼法國還可以利用海軍與英國一決雌雄。

§

一八〇四年十一月六日對英國人來說簡直太重要了——組建同盟的談判終於取得重要進展，徹底劃清界限的時機已經成熟，這意味著英國再也不用孤軍奮戰了。當天俄國與奧地利簽訂防禦同盟，「約定兩國將在法國繼續攻掠德意志、義大利與東歐之時，聯合加以阻擊。普魯士仍堅決要求取得對漢諾威（Hanover）的保護權，以此作為參與歐洲事務的報償」。「但瑞典已同意向英國提供呂根島（Rügen）與施特拉爾松德（Stralsund），作為英國與俄國聯合行動的海軍基地」。經過一系列磋商，英俄兩國間的談判取得了更多的成果，隨後，小皮特與沃龍佐夫在倫敦商定了聯盟的主要條款。

然而，盟約的生效卻被推遲了——主要是英俄兩國就馬爾他的問題未能達成一致，沙皇希望英軍能撤離馬爾他。除此之外，還有一個問題也是兩國比較有爭議的，沙皇希望英國能修改英國戰時航海法典，因為這部法典規定可以在戰時檢查公海上的中立國船隻。於是，兩國為了這樣的問題展開爭論，這就導致盟約的最終生效時間推遲到了一八〇五年七月。

現在，讓我們回歸到「小皮特大戰略」這個問題上。

早在戰爭的準備階段，小皮特就對這場不可避免的戰爭寄予了某種期望，他把戰爭的目的歸結於「是為了地中海與周邊國家的自由」，這不僅僅是一場海上戰爭，陸地戰爭同樣也要進行。為了充分證明這一觀點的合理性、正確性，他以及他的政客團隊進行了這樣的闡釋：英國在馬爾他駐軍是符合整個歐洲利益的，哈布斯堡王朝的查理五世在馬爾他建立騎士團就是為了讓他們保護基督教國家，對抗共同的敵人。一五二二年，駐守羅德島的聖約翰騎士團被鄂圖曼帝國逐出羅德島。當時，查理五世兼任神聖羅馬帝國皇帝及西班牙國王，是歐洲權力最大的君主。騎士團的投降讓查理五世強烈地意識到鄂圖曼帝國才是歐洲最大的威脅，厄恩利·布拉德福德在《大圍攻：馬爾他 1565》中記錄了查理五世的話，他這樣說道：「將馬爾他島、戈佐島、科米諾島（Comino，又稱凱穆納島）賞賜於聖約翰騎士團，以使他們能夠安寧地執行宗教義務，保護基督教社區的利益，憑藉其力量和武器打擊神聖信仰的奸詐敵人。作為回報，騎士團應於每年萬聖節向兼任西西里國王的查理五世進貢一隻遊隼。」一五三〇年，他決定將西班牙統治下的馬爾他永久租給聖約翰騎士團，即後來的馬爾他騎士團。而現在，即便騎士團得以重建，他們也沒有力量執行這一任務[15]。大不列顛這個在地中海沿岸沒有領土野心的頭號海軍強國才是騎士團的合法繼承者，只有作為英國的港口與軍事基地，馬爾他才能在對抗歐洲公敵的戰爭中發揮作用。

而根據英俄在盟約中的內容，我們也完全有理由再次強調「小皮特大戰略」的重要性。歷史上曾經將特拉法加海戰看作是英國對法國入侵的防禦戰。實際上，這裡面還隱藏著英國的一個戰略陰謀——英俄同盟的建立使得英國在戰略上獲得了「攻勢回歸」的益處。

我們不妨來看看盟約中的部分內容。「第一條規定，俄國有義務盡力組建一個大陸國家的聯盟，並與它們協調一致，提供一支規模超過五十萬人的大軍。」「第二條規定，迫使法國從漢諾威與北德意志撤軍；重新讓荷蘭和瑞士恢復獨立；將皮埃蒙特還給撒丁王國；確保那不勒斯王國的主權完整；從包括厄爾巴島在內的整個義大利撤軍。」由此可以看出，兩國同盟的目標絕不僅僅是為了捍衛本國利益那樣簡單。

根據二十世紀初才被研究者發現的一份國防方案，同樣可以證明上述觀點。曾

15 西班牙加利西亞自治區拉科魯尼亞省的一座城市，位於大西洋海岸，是西班牙海軍的重要基地，也是重要的造船中心。

是法國著名陸軍將領的夏爾·弗朗索瓦·迪穆里埃（Charles Francois Dumouriez，一七三九－一八二三年）在法國大革命期間非常活躍，一度成為法國最有權力的軍事領袖。這樣一位厲害人物卻在雅各賓派（雅各賓派是法國大革命時期參加雅各賓俱樂部的激進派政治團體，一七九四年七月二十七日的熱月政變結束了雅各賓派政權）與反法聯軍的夾攻下流亡國外。一八〇四年，他移居到英國，在英國陸軍部擔任對法戰爭的重要顧問。在此期間，他提出了一份著名的國防方案，小皮特政府執政後，很快就將該方案呈給了英國國王。迪穆里埃這樣說道：「現在，是時候讓波拿巴高懸在英格蘭頭上的利劍落下來了，沒有什麼比一味固守更加危險，它為敵人提供著用各種手段展開攻擊的廣闊空間……毫無疑問，我們需要從防禦至上轉變為進攻性策略。如果從今年開始進攻政策還不能取代固守政策，你們就將看到，波拿巴得手的機會將迅速增加。」從這個層面來講，「小皮特大戰略」的確具有更多的內涵。[16]

換句話說，如果我們只是將特拉法加海戰看作是英國為本國安危所進行的一場海戰，那就完全忽視了這背後的諸多細節和內幕。

16 西班牙加利西亞自治區拉科魯尼亞省的一座城市，位於大西洋海岸，是西班牙海軍的重要基地，也是重要的造船中心。

02
特拉法爾加不沉默

應該說，一八〇五年是屬於「英格蘭期盼」的一年。英國海軍少將霍姆・里格斯・波帕姆（Home Riggs Popham，一七六二－一八二〇年）爵士與約翰・古德林（John Goodhew）合作撰寫了一本對海軍歷史影響深遠的書：《供皇家海軍使用的信號通用代碼》（*A General Code of Signals for the use of His Majesty's Navy*），這本書詳細介紹了海軍使用的旗語。幾乎所有的英國人都在期盼這場戰爭的勝利，因為他們的對手實在太強大了。

「英格蘭期盼」的全部內容為「英格蘭期盼人人都恪盡職守」。具體來說是這樣的：差不多需要三十面旗子，升起旗組十二次，每升旗八次表示一個詞，有時候為了表示一個字母，需要升起四次。「英格蘭期盼人人都恪盡職守」這一內容以英文表示為「England expects that every man will do his duty」。最初句首是「Nelson confides」，即納爾遜相信的意思，出於國家榮譽的考慮，最終改為「England」。需要注意的是，為了簡化詞語——方便使用旗語——這當中沒有相應的旗組表示「相信」一詞（全句內容應該是「英格蘭期盼相信人人都恪盡職守」），包括「責任」，即「duty」同樣如此——它們需要逐個字母地拼出來。考慮到戰事緊迫，信號需要及時發出，旗語官建議使用「期盼」，即「expects」，這樣就符合波帕姆爵士所著的《供皇家海軍使用的信號通用代碼》一書中的要求了。一八〇〇年，這套編碼系統被引入英國皇家海軍，「首次借助九種可清楚區分的信號旗來組合表示正規字母」。「一八〇五年十月二十一日臨近正午時分，霍拉肖·納爾遜海軍中將在皇家海軍『勝利』號後桅上掛出了這條可能是英國歷史上最著名的旗語信號，命令艦隊發起攻擊。」

著名畫家約瑟夫·馬婁德·威廉·透納（Joseph Mallord William Turner）[17]在一八二二—一八二四年間創作了油畫《特拉法加之戰》，在這幅畫中，透納較為清晰地呈現了皇家海軍「勝利」號（HMS Victory）的帆具上飄揚著十一點四十五分發

17 一七七五—一八五一年，十九世紀上半葉英國學院派畫家的代表，擅長展示光與空氣的微妙關係，因其卓越的繪畫藝術，他成功地把風景畫與歷史畫、肖像畫擺到了同等的地位，代表作有《被拖去解體的戰艦「無畏」號》（*The Fighting Temeraire, tugged to her last berth to be broken up,1838*）、《沙丁魚季節的聖莫斯》（*St Mawes at the Pilchard Season, 1812*）等。

出的著名旗語信號「英格蘭期盼人人都恪盡職守」。

現在，這場戰爭就像開弓的箭無法撤回：納爾遜將在這場戰爭中大顯身手，拿破崙遭遇了他人生中較為慘重的失敗。

對納爾遜而言，一八〇五年特拉法加海戰的勝利為他帶來無限的榮耀——英國人對這位英雄人物的崇拜已到了狂熱的地步。當然，若不是他戰勝的對手叫拿破崙，或許將是另一番景象。歷史給予的評價是，他的行動以「納爾遜突擊」為名，為英國海軍帶來了偉大的勝利。從此，拿破崙的政權開始走向下坡路，大英帝國因此戰的勝利步入全盛期，結果一八〇五年之後的百餘年裡，人們還在傳唱著這樣的歌詞：「統治吧！不列顛！統治這片洶湧的海洋！」

對拿破崙而言，他在歐洲的影響力在於——這位科西嘉島出生的人物在法國大革命之後傳奇般青雲直上，先是成為將軍，然後當上了法蘭西共和國的第一執政官。一八〇四年，是拿破崙政治生涯最重要的一年，他登上了法蘭西皇帝的寶座。

縱觀拿破崙一生的輝煌歷程，我們會發現：作為陸軍統帥的他將神聖羅馬帝國滅亡，這意味著作為政治勢力的教皇統治被推翻，他試圖建立一個披著法國外衣的「新羅馬世界帝國」。在此之前，他擊敗了老牌海上強國熱那亞和威尼斯，法蘭西艦隊從此在地中海及其他海域有了更強的制海權。正當拿破崙的事業蒸蒸日上之際，有一個同樣準備成為世界帝國的國家橫亙在它面前，它就是英國。

換言之，「當法蘭西帝國開始著手建立世界霸權之時，也就自然威脅到了正在興起的大英帝國」。一個帝國的興起和另一個帝國的興起，如果不是和平地相處，兩者之間勢必水火不容，這用在當時的英法之間再也合適不過了。「自一七九三年反法同盟戰爭爆發後，英國便成為法國的主要對手之一。為迫使英國臣服，法國自然必須奪取制海權與占領島嶼。面對威脅，英國拿出了與法國權力之爭中最強的王牌——女王陛下的艦隊，著名的皇家海軍。」

因此，我們彷彿可以透過歷史的光芒體會到特拉法加似乎註定是不會沉默的。畢竟，這個靠近直布羅陀海峽外側的海域終於在一八〇五年上演了一場精彩絕倫的海戰。

§

自從十七世紀在英吉利海峽完勝荷蘭後，英國海軍持續發展，十八世紀時已成長為全世界作戰能力獨一無二的海軍。一六八八—一八一五年，英國國民生產總值翻了兩番，開始成為世界的作坊，這也使得為艦隊大規模調配財政經費成為可能。很快，「皇家海軍就成為第一大社會資金接受方」。

在經濟的長足發展下，科技也得到了長足發展。特別是在航海各領域，地理大發現使得十八世紀這個重要的時代具備了翻天覆地的進步意義。著名的庫克船長[18]在製圖學方面的成就同樣為英國的航海事業提供了有力保障。從國家層面來講，英國皇家海軍直至十九世紀還是探索世界最活躍的力量，在相當長的時期裡，英國人試圖獨霸地理這門學科。然而，在這門學科中一直存在著一個非常棘手的問題——經度。它是認識地球轉動和區域地理劃分的基礎理論，有了它就能劃分時區，並算出時間。

具體來說，由於地球自轉，要精確確定經度，就必須先精確測出本初子午線的時間。要做到這一點，只能透過成本極高的天文學觀察或者利用攜帶的鐘錶進行精確到秒的時間測定。義大利天文學家伽利略．加利萊（Galileo Galilei）[19]為了解決這個問題曾做了許多次嘗試，最終卻徒勞無功。在歷史的進程裡，人們已經發現在航海中，若船上沒有精確的計時儀器，就無法測出艦船出發港口的時間。鑒於時間對

18 詹姆斯．庫克（Captain James Cook），一七二八—一七七九年，英國皇家海軍軍官、航海家、探險家和製圖師，曾創下首次歐洲船隻環繞紐西蘭航行的記錄，一七七六年，獲得由英國皇家學會頒發的科普利獎章。

19 一五六四—一六四二年，著名的觀測天文學之父。

海上航行的重要性，經度就成為非常重要的一環。艦船在航行中還會產生高溫，以及劇烈的濕度變化，它們都將對機械運轉構成巨大危險。在很長時間裡，已經有大量船隻因此而遭遇不幸。眾所周知，航向的認定，相比實際不是偏東就是偏西，現實中卻因無法計算誤差導致艦船闖入礁石密布的灘頭，輕則傷及船隻，重則人員受傷或罹難。

問題到了非解決不可的地步了。一六七五年，查理二世花重金建立了格林尼治皇家天文臺，英國開始嘗試系統性地精確測量經度。這是一個充滿艱辛的漫長歷程，「整個十八世紀，英國設立了高達兩萬英鎊的獎金以解決經度問題，管理此項事務的是由眾多著名天文學家和數學家所組成的經度委員會」。隨後，一個叫約翰．哈里森（John Harrison，一六九三—一七七六年）的英國天才木匠製造了幾台精密鐘錶——航海精密計時器，雖然其中一台還是木制的，但這樣的鐘錶依然具有里程碑式的意義——它解決了經度問題關鍵的一環，讓艦船安全地進行長距離航行有了更大的可能。鑒於約翰．哈里森的重大貢獻，英國議會給予他兩萬英鎊獎金。詹姆斯．庫克從第二次環球之旅返回（一七七五年）後，確認了約翰．哈里森製造出來的其中一台試驗鐘錶（係哈里森在一七五九年所制鐘錶樣品的精確仿製品）的精確度，「從此，解決經度問題對大多數天文學家來說已不再困難」。對英國來說，更是受益匪淺，英國人終於可以確切瞭解艦隊在海洋中所處的位置了。[20]

經度問題的解決，伴隨而來的是新船型的誕生，也讓長期備受青睞的高大艏樓和艄樓在十八世紀完全消失。人們欣喜地看到，「取消了高大艏樓與艄樓的艦船，其重心降低了，展開的風帆面積也因此得到擴大了，並且艦船在航行中的平穩度和航速都得到提升。桅杆之間的新式三角形支索帆的出現，以及改進的船艄三角帆與經過優化的縱傾裝置的使用，艦船的逆風航行能力就比之前強悍多了」。橫杆上可推拉的帆布同樣便利了背風帆的使用。十八世紀的許多艦船，特別是大型戰艦，最多可有三十六面風帆，這些風帆完全張滿之後，戰艦航速可達九到十二節。考慮到海水的腐蝕性，許多艦船被銅板包裹起來。

十八世紀的英國海軍使用的艦船不再像之前那樣單獨建造了，而是在完全工業化的船廠中批量生產。也就是說，英國人基本建成了製造大型艦船的生產線。當時最著名的船塢要數普利茅斯、樸資茅斯（Portsmouth）和查塔姆。皇家海軍的旗艦「勝利」號就是在查塔姆建造出來的，服役超過三十年，可見其品質了。值得一提的是，

20 參閱戴瓦·梭貝爾（Dava Sobel）的《經度》（*Longitude*）。

隨著十七世紀戰列線戰術的發展，人們開始將戰艦稱為戰列艦。到了十八世紀，戰列艦的劃分更為科學，其中最重要的一項指標是長管火炮的數量，按照這樣的指標，人們將戰艦分為六個等級。像第一級的三層甲板戰艦至少要裝備一〇〇門火炮，所需船員近一千人。其後等級的戰艦火炮數量逐級減少，只有前三個等級的戰艦才能被稱作戰列艦。

自烏爾班大炮問世以來，火炮在海戰的作用中就愈加明顯了。英國人之所以能在海上取得諸多勝利，最主要的因素少不了威力巨大的火炮。一般來講，在大型的戰列艦中，甲板上會配備輕型的十二磅炮、較重的十八磅炮與二十四磅炮以及最重的三十二磅炮。這些火炮的炮彈大部分為鐵質實心彈，有時也會發射用鐵鍊連接起來的半球形彈丸，它們主要用於摧毀敵艦的帆具。為對付敵艦上的人員，艦船上多裝備了一種由許多小型彈丸組成的霰彈。

一七七〇年代末，蘇格蘭卡倫公司製造出了一種在當時非常先進的卡倫炮（Carronades）。這種炮的最大特點是短管、大口徑，且重量輕於一般的火炮，可安裝在一條可移動的軌道上，讓火炮有了靈活更換位置的優勢。雖然卡倫炮射程短，但當它裝上霰彈（最多可包含五百粒彈丸）後，威力就變得巨大而可怕。當時，只有英國艦船裝備了這種卡倫炮，法國人曾深受其害，他們將卡倫炮稱為「魔鬼大炮」。

值得一提的是，卡倫炮的射速是由火炮口徑與彈藥種類決定的。輕型火炮的填裝速度就很快，只需三到六分鐘；三十二磅炮填裝時間就較長了，最長可達十五分鐘。考慮到作戰時的有效攻擊性，一些側舷炮則配有特製的雙簧彈，由於要同時發射兩顆火炮彈丸，自然就要裝填兩份火藥了。雖然裝填的時間增加了，但給予敵方的殺傷力也提高了。如果能夠在此基礎上加快填裝速度，那麼作戰效果將會更好。英國人在一五八八年擊敗西班牙無敵艦隊後，就意識到火炮填裝速度的重要性，經歷過實戰的英國炮手的填裝速度比一般人要快兩倍。再看看法國，法國人在大革命中損失慘重，有一個重要原因就是缺少優秀、有經驗的作戰人員，尤其是軍官和嫻熟的炮手。換句話說，這樣的弊端將為法國人在特拉法加海戰中的失敗埋下伏筆，同時也反映了英國皇家海軍在作戰中的優勢。

當時不少戰艦都還是木質的，一旦遇到火炮轟擊，其自身的防禦性能就大大降低了。在炮彈給予木質戰艦的可怕殺傷中，金屬彈丸產生的直接打擊效果非常明顯，它會導致碎木片四處亂飛，許多時候艦船上的人員也深受其害。雖然火炮的射程最遠可達兩千公尺，但實際操作中產生的誤差有可能超過一百公尺。更何況，艦船是可移動的物體，不是任人宰割的死靶。只要艦船略一晃動，就容易使側舷炮的炮口偏離目標，因此優秀的艦船指揮官會特別注重這一點。

早期的點火方式是火繩點火，它存在一些缺點，在點火擊發時會延時幾秒鐘，一旦遇到逆風或雨天，更是困難重重。為了提高發射速度，英國人採用了更加現代的石點火方式，瞬間完成點火，因而占據了優勢。

納爾遜所率分艦隊的旗艦「勝利」號是三層甲板戰艦，當時它是第六艘使用此艦名的皇家海軍戰艦。該艦於一七五九年便開始建造，但由於採取節約措施，直到一七七八年才進入現役。因此，「勝利」號在特拉法加海戰時已是一艘高齡戰艦。

今天，我們依然能在樸資茅斯看到這艘唯一保留下來的風帆戰列艦。根據英國海洋歷史學家布萊恩·拉弗里（Brian Lavery）的描述，它於一七五九年在查塔姆船塢開始建造，在下水前僅船體造價就花費了六．三一七六萬英鎊又三先令。它的尺寸在當時也屬於非常巨大，「其船體長近七十公尺，寬約十六公尺；排水量達三千五百噸，吃水深度約九公尺」。而厚達六十公分的堅固艙壁和裡外包裹的艙板至少「需要兩千五百根大型橡木」。為確保彈性，設計師用樅木製成了三根桅杆，「其中主桅高出水線六十二尺。當時沒有這麼高的樹木，因此桅杆是由三根接在一起的木杆組成。建造該艦總共需要六千棵樹，除橡木和樅木外，還使用了榆木和特別堅硬的熱帶愈瘡木[21]等木材。兩座錨具每座都重約五噸，必須由兩百六個人拖上絞盤。『勝利』號共配備一〇二門火炮，艦艄還裝有二門卡倫炮，因此是一艘一級戰列艦。其側舷炮可向敵艦發射重達半噸的鐵質彈丸。『勝利』號在當時是一座令人恐懼的浮動堡壘和一台複雜的戰爭機器」。

工欲善其事，必先利其器，英國皇家海軍能在特拉法加海戰中完勝，船堅炮利功不可沒。因為它面對的法西聯合艦隊，似乎在艦船性能方面要弱一些。

§

納爾遜率領的分艦隊由二十七艘戰列艦和四艘巡航艦組成，與它對陣的是一支法國和西班牙組成的聯合艦隊，由三十三艘戰列艦和七艘巡航艦組成。就在英國人從「勝利」號上發出「英格蘭期盼人人都恪盡職守」的信號後，在晚間時分，各艦艦長商討了具體的作戰計畫。

偏西風掠過微波泛起的海面，英國艦隊向前駛去，非常緩慢地接近法西聯合艦

21 也叫鐵梨木，屬蒺藜科。主要用於造船工業，是稀有的重要的造船資材。其產地分布在赤道附近與北緯三十度之間。特別集中在中美洲和西印度群島一帶，如巴哈馬諸島、大瑪律島、瑪律提哥島等。

隊。這主要是受極其微弱的西風影響，它讓龐大的戰列艦幾乎不受舵盤的控制，因此英國人花費了較長時間才靠近了法西聯合艦隊。

此刻，一切都是如此安靜，彷彿就是海上暴風雨來臨前的徵兆。如此形容主要有三個原因：一是即將爆發的海戰是一個多世紀以來世界上規模最大的海戰；二是在海戰中，作為英方指揮官的納爾遜不幸陣亡；三是在海戰結束後不久，一場持續多日的颶風使大量艦船葬身於海底。

在與拿破崙的戰爭中，英國人除了皇家艦隊外，手中還握有一張王牌，那就是納爾遜海軍中將。他幾乎和拿破崙一樣充滿了傳奇色彩，其職業生涯堪稱皇家海軍中的典範，憑藉自身的天賦和野心，二十一歲的他就升任艦長。從這一時期開始，他和卡思伯特．科林伍德（Cuthbert Collingwood）攜手共進，此人正是特拉法加海戰中英軍第二艦隊的指揮官。法國大革命的影響力波及國外，歐洲各國君主形成反法同盟。一七九三年，納爾遜被派往地中海執行任務，參加了封鎖法國在地中海最重要的軍港土倫的戰役，而拿破崙也是在這場戰役中嶄露頭角的。一七九四年七月，納爾遜在進攻科西嘉島的卡爾維（Calvi）城時右眼嚴重受傷，這為他永久性失明埋下了隱患。一七九六年八月，納爾遜被任命為署理海軍少將，從此開啟了他人生巔峰中四場著名的海戰之旅：一七九七年二月十四日的聖維森特角（Cape St Vincent）

海戰、一七九八年八月一日的阿布基爾（Aboukir）海戰、一八〇一年四月二日的哥本哈根海戰和一八〇五年十月二十一日的特拉法加海戰。在經歷了前三次著名的海戰後，「霍拉肖．納爾遜不再只是皇家海軍眾多將領中的一員，他成為一顆有風度的將星，公眾敬仰他，水手們愛戴他，各位艦長信任他。許多水手希望永遠追隨納爾遜，深深崇拜著這位具有超凡魅力的英雄，很多人甚至想與他們這位勇猛的指揮官同生共死」。[22]

一八〇四年，拿破崙制定出了一份入侵英倫三島的計畫，這份計畫歷來有爭議，或許拿破崙只是為了威嚇英國而已——法軍的所有舉措似乎只是為了擾亂英國人的本土防禦，阻撓其向地中海派遣部隊，然後法國人再攻擊其殖民地。無論如何，這份計畫出臺後，英國人一定倍感形勢兇險。「法國皇帝在英吉利海峽和大西洋沿岸建造了數以千計的小型戰艦、船隻、小艇以及平底駁船，用以運輸士兵、馬匹與火炮，然後在海峽旁召集了一支擁有十六萬名士兵的大軍，其中騎兵一萬六千人。這支大西洋沿岸軍就是後來那支富有傳奇色彩的大陸軍的起源。法國最優秀的士兵雲集於

22 更多關於納爾遜的詳情可參閱艾爾弗雷德．馬漢的《納爾遜傳》。

此，再也沒有一支法國軍隊能擁有如此精良的裝備。這些士兵中還有超過兩萬名水手。入侵工作的籌備中心位於濱海布洛涅（Boulogne-sur-Mer），羅馬人曾稱該地為不列顛港，朱利烏斯・凱撒就是從此地成功渡海前往不列顛的。人們在這裡特意挖掘了內河以便大量運輸船航行。拿破崙皇帝在這裡閱兵並頒發了勳章，入侵行動將從這裡開始。」

具體來說，這份計畫需要利用法國艦隊進行掩護，並且要拿下英吉利海峽至少一天的制海權，只有這樣才能夠渡海頓島。在西班牙對英國宣戰後，出於安全防範考慮，英國人對法國及西班牙的軍港實施了海域封鎖，這就使得法國艦隊無法集中力量。如果法國艦隊分散在諸多港口，想要集中起來，就需要消耗不少時間，而且是在無任何阻撓的情況下。對此，拿破崙採取了欺騙英國人的策略，這也是權宜之計——面對英國壓倒性的海上優勢——「所有被封鎖在大西洋沿岸和地中海地區的法國與西班牙戰艦要嘗試打破英國封鎖，並駛向加勒比海地區」。[23]

需要說明的是，這一策略的最終目的是要將英國艦隊騙出歐洲戰場。德國歷史學

23 參閱阿內爾・卡爾斯滕和奧拉夫・拉德的《大海戰：世界歷史的轉捩點》。

家阿內爾・卡爾斯滕和奧拉夫・拉德認為：「拿破崙認定海峽與大西洋上的英國艦隊會追逐法西聯合艦隊。在英國艦隊抵達加勒比海之後，法國艦隊會立即遠航，然後比尾追的英國戰艦早好些天重返歐洲。如果一切順利，它們將會與地中海的其他法西艦隊會合。之後，這些戰艦將摧毀已被削弱的英國海峽防禦力量，並掩護對英國的入侵。」

這個堪稱美妙的計畫當然沒能成功！

問題出在法軍艦隊司令皮埃爾—夏爾—讓—巴蒂斯特—西爾韋斯・特・德維爾納夫（Pierre-Charles-Jean-Baptiste-Silvestre de Villeneuve）[24]身上，在與一支英國分艦隊發生戰鬥之後，他公然違抗了皇帝拿破崙的命令，沒有駛向英吉利海峽，而是駛向了南邊的加的斯（Cádiz）。拿破崙對這一抗命行為大發雷霆，因為「法西艦隊成功地將強大的英國艦隊吸引到了加勒比海，並在時間上先於它們回到了歐洲」。我們能夠理解拿破崙當時的心情，他所做的計畫竟然這樣失敗了——「德維爾納夫的肆意妄為宣告了拿破崙侵英計畫的終結」——氣得他在寫給海軍大臣德尼・德克

24 一七六三—一八〇六年，法國海軍中將，特拉法加海戰中的法軍指揮官。

雷（Denis Decrès）的信中直呼德維爾納夫是個「不知恥的懦夫」。在特拉法加海戰中被俘的德維爾納夫於一八〇六年四月獲釋，並於四月二十二日在雷恩（Rennes）的一家賓館裡自殺身亡，他在遺言裡表露幸好沒有子嗣來承擔他的恥辱。另一種說法是德維爾納夫是被拿破崙派人暗殺的，因為他死時身中七刀，很難想像一個自殺的人會捅自己這麼多刀。

在當時一幅名叫《隔水對話》（*Conversation across the water*）的諷刺漫畫裡，「約翰牛」（John Bull）這一形象被英國人運用到了極致。約翰牛是英國人擬人化的形象，源自一七二七年蘇格蘭作家約翰．亞畢諾（John Arbuthnot）創作的作品《約翰牛的生平》中的主人公，作者的原意是為了諷刺輝格黨內閣在西班牙王位繼承戰爭中的卑劣行徑。主人公約翰牛粗暴愚笨、冷酷桀驁、欺凌弱小，但外表卻是一位頭戴高帽、足蹬長靴、手持雨傘的矮胖紳士。由於約翰牛的人物形象深入人心，英國人常用這一形象自嘲，其用意十分明顯，就是要向法國人表明，一個國家擁有一支強大的艦隊就能夠戰無不勝，同時也反映了英國人掌控著制海權。在這幅漫畫裡，我們可以看到矮小的拿破崙向約翰牛進行告誡，然而約翰牛叼著煙斗，表現得十分冷靜——因為在海面的前方已經出現了呈海天一線狀的「木牆」（指艦隊，在薩拉米斯海戰中，雅典人曾把木牆比作艦船）。這很容易讓人聯想到西元前四八〇年的薩拉米斯海戰，雅典海軍戰勝了強大的波斯帝國。

一八〇五年九月二十九日，「納爾遜的艦隊在加的斯附近與另外三艘戰列艦會合並組成封鎖艦隊，由他擔任指揮官」。隨後，納爾遜就採取了具體行動：他命令巡航艦緊密觀察加的斯的敵艦動向，讓艦隊主力位於海平線之後。這樣的目的在於，巡航艦與主力艦形成互相接應態勢，而主力艦又能遠離陸地觀察者的視野。換句話說，儘量避免法國人獲取到艦隊動向資訊。接下來的兩週裡，英國人布置了一條更長的封鎖線，並有一批戰艦加入，它們將替換需要修理或補給的戰艦。

到十月中旬時，英國方面已經完成艦隊組合，擁有二十七艘戰列艦和四艘巡航艦。法西聯合艦隊方面，在加的斯港的艦隊有四十艘船。從數量上講，法西聯合艦隊明顯占優。

「十月十九日清晨，法西聯合艦隊啟程離開，但當時風勢極為微弱。風在中午時完全停止，這時僅有七艘戰列艦離港，艦隊不得不使用小艇拖曳龐大的戰艦」。因此，從時間上來講，法西聯合艦隊延誤了時機，這也讓納爾遜有相對充足的時間瞭解其艦隊動向。直到十月二十日中午，整個聯合艦隊才出港入海。「此時，納爾遜在敵艦隊開始離港後兩個小時命令各艦準備排成戰鬥佇列。」具體來說，納爾遜「讓執行觀察任務的巡航艦返回主力艦隊，並率先命令各艦準備排成戰鬥佇列」。這是從十七世紀起就廣泛採用的標準戰鬥陣型，即戰艦密集排列成戰列線。當這樣的戰列線形成後，就意味著「交戰一方要麼與敵艦隊並排開戰，要麼發生遭遇戰。排成兩條戰列的戰艦在五十到兩百公尺的距離內盡可能快地朝對方開火」。在具體作戰中，「由於火炮因長度所限分布在甲板各處，因此戰艦使用側舷炮射擊這一方式最為有效。通常情況下，當戰列無法繼續維持、戰艦由於受損退出戰列或者將敵方主力戰艦俘獲或擊沉之後，戰鬥即告結束」。

因此，我們可以清楚地知道，這種海上作戰模式充斥著古板、不靈活的特質。很難相信，只有在雙方都排成相應陣型時才可以進行作戰，這與宋襄公不信「半濟而擊」[25]一樣。從十九世紀初開始，就不斷有人抨擊這一戰術是不合時宜的。納爾遜深諳其中的不合理性，早在之前的一些海戰中就敢於打破常規，也為他的揚名奠定了基礎。在一七九七年的聖維森特角之戰中，他「違抗了海軍上將約翰·傑維斯（John Jervis）的命令，迎頭駛向數量占優的敵艦，他後方的戰艦（其中就有當時任上校的卡思伯特·科林伍德）也緊緊跟隨，這一行動對敵方來說是毀滅性的。儘管

25 語出《孫子·行軍篇》，指敵人渡河渡過一半的時候再去攻擊。這表明作戰時的靈活度，能夠善於捕捉有利時機攻擊敵人，就是制勝的法寶之一。

向前攻擊敵方戰列線的英國戰艦幾乎被打殘，但它們依然揳入敵方戰列，將其分割成更容易攻擊的小塊艦群」。

現在，納爾遜基於這些經驗制訂了計畫。他「將己方艦隊分成實力近乎對等的兩排攻擊縱隊，衝向法艦確信還很牢固的長排戰列。納爾遜在皇家海軍『勝利』號上親自指揮上風縱隊的戰艦，這支縱隊向著敵方縱列中央前段挺進，他想抓住機會立即攻擊敵人旗艦」。而科林伍德中將也積極配合，他在「皇家海軍『王權』號（Royal Sovereign）上指揮相距約一千八百公尺遠的下風縱隊，從敵艦後衛部分前段切入敵方戰列線」。

需要說明的是，納爾遜是突然採取這樣的作戰策略的。也就是說，他敢於打破常規戰列線戰術，並以突擊的形式呈現出來，打了法西聯合艦隊一個措手不及。因此，這一行動也以「納爾遜突擊」之名被載入史冊。這種作戰策略的效果非常明顯，首要的是能將敵前衛艦隊長時間排除在戰鬥之外。這樣就能分割掉敵方艦隊力量的一部分，至少在相對較長的時間裡不會對另一方產生較大的攻擊威脅，如果敵艦航向不變的話，它們會始終遠離主戰場。這時候，英國艦隊中下風縱隊的右舷側與正在接近的敵後衛艦隊就能面對面了，同時其左舷側又威脅到法西聯合艦隊的中央艦隊後方。簡言之，這一行動的目的就是要集中數量優勢於一點攻擊敵艦，又不逼迫敵艦脫離戰列線，實在是高明之舉！另外，納爾遜絕非專橫獨斷之將，他能給予各艦指揮官極大的決策空間，使艦隊面對突發情況時能夠迅速做出反應。這也是英國艦隊在特拉法加海戰制勝的法寶之一。

雖然上述「納爾遜突擊」的作戰策略聽起來絕妙完美，但是這一行動充斥著很大的冒險性。按照阿內爾．卡爾斯滕和奧拉夫．拉德的描述：「首先，納爾遜需要考慮（兩個攻擊縱隊的）指揮艦接敵時遭受多艘敵艦長時間集中射擊的不利局面。更為嚴重的是，納爾遜的戰艦基本處於百年之後的海戰中最令人恐懼的位置，也就是所謂的『縱穿T字橫頭』。在穿越這個巨大的『T字橫頭』陣列時，處於橫頭位、排成戰列航行的多艘戰艦能夠利用側舷重炮對成九十度接近的縱列敵艦實施集火射擊（後者卻無法發揮火力），其毀滅性效果可想而知。這正是兩支進攻縱隊指揮艦的既定命運。此外，兩支進攻縱隊在航行中完全沒有側翼防護。上風縱隊指揮艦『勝利』號的全體船員和納爾遜本人在這場即將來臨的密集彈雨中生存機會微乎其微。」

既然如此具有冒險性，納爾遜為什麼「執意如此」呢？實際上，英國人從抓獲的俘虜中已經清楚地瞭解到法西聯合艦隊的狀態。資源有限的費羅爾無法在這次海峽戰役所要求的時限內為德維爾納夫的艦隊完成補給，加之德維爾納夫不清楚納爾遜艦隊的位置，他驚惶的姿態早已盡顯無餘。從心理層面來講，德維爾納夫已經處於失敗的關口了，而這樣的作戰心理將成為法國人和西班牙人的夢魘，比一五八八年無敵艦隊更為恐怖的災難即將到來。拿破崙本來已經下決心撤換德維爾納夫，由弗朗索瓦·艾蒂安·德羅西里—梅斯羅（François Étienne de Rosily-Mesros）海軍中將取代，然而德羅西里一梅斯羅的馬車出了問題，在路上耽擱了幾天。德維爾納夫擔心自己官位不保，同時也想給自己爭取最後一個機會，以證明自己的能力。一八〇五年十月十九日，德維爾納夫命令艦隊提前從加的斯港出發。十月二十日傍晚，納爾遜的艦隊便尾隨而來。

因此，「納爾遜突擊」絕對不是一味冒險，納爾遜也並非完全不怕死。

03
走向巔峰

一八〇五年十月二十日，由加的斯出海的法西聯合艦隊繼續向南航行，並試圖穿越直布羅陀海峽。在獲悉敵艦隊動作後，納爾遜向英國艦隊發出「向東南方全面追逐」的信號。值得一提的是，「這一天結束時沒有戰鬥，臨近日落時風向改變，德維爾納夫得以率艦隊直朝直布羅陀行進」。

不過，即將到來的特拉法加海戰的形勢卻發生了轉變，英國人的「攻勢回歸」意味著法國人處於防禦狀態。拿破崙只能孤注一擲了，他固執地相信德維爾納夫能突然變得聰明和勇敢起來（其實他已經別無選擇）。但是，海軍大臣德克雷卻倍感悲觀。為了說明這一問題，我們來看他寫給拿破崙的一封信中的部分內容，在科貝特的《特拉法加戰役》一書裡也有記載：「擁有航海知識對我來說真是一種不幸，我無法用它對陛下您的計畫造成影響，它則讓我對此毫無信心。是的，陛下，我的職位實在太令人痛苦了。我責備自己無法說服您，但似乎任何人都無法說服您。我懇求您為海軍行動成立一個討論會，成立一個海軍參謀部，那或許更適合於您。

一位在海軍的各個方面都對您言聽計從的海軍大臣勢必無法正常地履職，即使不變得有害，也無法對您軍隊的榮譽做出任何貢獻。」

德克雷的這番言辭可謂忠誠又明智，甚至聽起來讓人心碎。有意思的是，拿破崙一開始並未將失敗歸咎於德維爾納夫，他坦率地承認了自己的錯誤。只是他的一番話實在讓人感到費解，他說：「我從未料到奧地利人竟是如此頑固，不過，我在一生中常常犯下錯誤，我並不會因此而感到羞愧。」[26]

決定雙方命運的是一八〇五年十月二十一日這天清晨。當時海面上一陣微弱的偏西風吹起，這看似平靜的時刻即將在破曉之後被打破。

一旦視線較為清晰，一場大海戰就開始。「在特拉法加角以西十二海浬處，雙方艦隊都清楚地出現在視線之內了。隨後，英國艦隊開始按計劃分成兩股進攻縱隊」。

聯合艦隊的指揮官德維爾納夫處於緊張狀態[27]，為了便於船隻逃離，就必須讓艦隊處於加的斯港的下風位置。為此，德維爾納夫在八時左右就下令立即調頭，試

26 更多內容可參閱朱利安．科貝特的《特拉法加戰役》。
27 他本人愛好和平，不喜歡打仗，經常給妻子寫信透露他的心跡，他甚至早就預言法國人會在這場戰爭中失敗。只是，作為軍人他不得不服從命令。他也因此被歐洲人嘲笑，可能是由此患上了恐懼症。

圖借助風勢轉動艦尾而非艦艏。不過，「這一航向改變方式在風勢微弱時更易操作，但由於行駛距離遠，因此耗時極長」。一個統帥還未正式開戰就想著如何逃離，無疑是自亂陣腳的表現。德維爾納夫的這一命令是他在這場海戰中犯下的諸多錯誤中的一個，本來法西聯合艦隊已經校對好航向，他的這道命令頓時給艦隊造成了混亂。有一部分戰艦率先完成了轉向，而剩下的船隻因為動作緩慢而未完成轉向。因此，前者只能收帆或向後調帆，以便在佇列中留出航行區域。「現在它們在所處位置上幾乎一動不動。之前的後衛艦隊現在變為前衛艦隊，並且與中央艦隊拉開了一定距離。」

按照阿內爾．卡爾斯滕和奧拉夫．拉德的描述：「現在的後衛艦隊超越了西班牙海軍上將費德里科．卡洛斯．格拉維納 - 納波利（Federico Carlos Gravina y Nápoli）分艦隊的部分戰艦，於是出現了一道滿是缺口的弧形陣線，寬二至三艘船，長約四海浬。這樣，由於集中的戰艦減少，射擊進攻者的側舷炮火力也被減弱。雪上加霜的是，本來就很微弱的海風風向又變得不穩定，給船隻繼續行動造成困難。如果德維爾納夫指揮艦隊繼續向南航行，也許納爾遜的艦隊就因風勢微弱而無法趕上了。但德維爾納夫再次錯過了逃脫機會，他就這麼把勝利盛在銀盤子裡端給了納爾遜。」[28]

朱利安．科貝特認為，法西聯合艦隊的「麻煩還遠未結束，強風已在夜間消歇，繼之而來的是從西北角吹來的不斷偏轉方向的微風。英軍最初得到的是足夠強的西北風，但聯合艦隊得到的風勢較小，其風向還在西南偏西和西北偏西之間不斷變化。與此同時，一般強大的海潮從西方湧來，這使得艦隊行動變得更加困難。於是，在聯合艦隊開始重組陣型時，他們的秩序愈發混亂，已完全看不出任何陣型的外觀」。不過，「由於只能靠風力航行，英國方面同樣要面對一些組成戰鬥隊形的困難」。這時候，彰顯皇家海軍能力的時候到了，他們以組成兩路縱隊的形式克服困難：一路縱隊由科林伍德率領，一共十四艘戰列艦；另一路由納爾遜率領，一共十二艘，因為有一艘艦在夜間航行時偏離過遠。這兩人的有效協作堪稱典範，即便在當時不利的海上環境面前，他們的表現也是讓人滿意的。

對法西聯合艦隊而言，雖然現在處於更為不利的局面。但海上的氣候有時候對敵我雙方都是一樣有利有弊的。英國人試圖加快向敵艦衝擊，但受制於海上的風勢，

28 參閱阿內爾．卡爾斯滕和奧拉夫．拉德的《大海戰：世界歷史的轉捩點》。

無法得到有效施展。在風勢的作用下，法西聯合艦隊的戰線呈略向內凹的形狀，這就使得納爾遜的上風縱隊只能與科林伍德的縱隊保持略遠的距離，自然無法在進攻時間上精確地達到一致。於是，特拉法加戰場上出現了很有意思的一幕：英國人利用接敵前的大量時間自娛自樂起來。軍官們要麼在寫信——畢竟離家的日子還是比較長了，海上的日子並不好過，讓人感到孤獨，對親人的思念倍增；要麼換上新的服裝——特別是受了傷的，舊衣服更容易讓傷口感染。至於水兵，他們互贈財物，喝上也許是生命中最後一口格羅格酒（Grog）[29]，有些人甚至跳起了角笛舞。[30]

納爾遜則記下了他最後一點想法，內容竟然與他的紅顏知己艾瑪·漢密爾頓（Emma Hamilton）有關。這是他於一七九三年九月在那不勒斯王國（當時與英國結盟）邂逅的一位夫人，艾瑪·漢密爾頓是當時英國駐那不勒斯使臣、著名的古玩收藏家威廉·漢密爾頓爵士的夫人。兩人一見鍾情，很快就墜入愛河。為了這位紅顏知己，他竟然直言不諱地寫信給自己的妻子法蘭西斯（Frances "Fanny"，昵稱「范

29　一種用蛋黃、糖、橙汁、朗姆酒和水調製而成的熱飲，可以抵抗壞血病，在那個時代算是很好的海上補給品之一了。
30　饒有名氣的英國水手舞蹈，主要以滑稽的形式表現船員的平常生活。

妮」），在信中，他將艾瑪．漢密爾頓描述成「世上最令人驚訝的女子之一……她是她家族的飾品」。妻子在知道納爾遜的婚外情後，雖然選擇了原諒，但是納爾遜還是離開了她。由此可見，納爾遜是一個多情種。在他臨死前還念叨著叮囑艦長湯瑪斯．馬斯特曼．哈迪（Thomas Masterman Hardy）：「別把我拋下船。照看我親愛的漢密爾頓夫人，哈迪，照顧可憐的漢密爾頓夫人。吻我，哈迪！」艦長看著他，然後俯下身子滿足了納爾遜的遺願。最後，他低聲說道：「現在我滿意了！感謝上帝，我恪守了自己的職責！」[31]

按照卡爾斯滕和拉德的描述：「十一時左右，英國艦隊距離敵艦隊只有二到三海浬遠了，但是又過了約一小時才進入有效射程。這時，納爾遜向所有戰艦升起了著名的『英格蘭期盼』旗號。十二時剛過，他又發出了一個旗號『再近一些接敵』。這是納爾遜對艦隊發出的最後一個旗號，一直保持到戰鬥結束。德維爾納夫已於十一時三十分下令開火，法艦『火熱』號（Fougueux）決心為艦名爭光，對接近中的英艦實施了第一次遠端射擊。」隨後，「法西聯合艦隊其他戰艦也開始了射擊」。

31 參閱阿內爾．卡爾斯滕和奧拉夫．拉德的《大海戰：世界歷史的轉捩點》。

特拉法加海戰真正爆發了！

§

法西聯合艦隊一開始表現得並不示弱，畢竟他們的艦船數量多於敵人。在長達半小時的射擊裡，英艦隻能用艦艏火炮還擊。因此，法國人占據了一定的主導權。倘若在這段時間內，作為指揮官的德維爾納夫能擁有一支射擊快速且精准的炮兵，聯合艦隊就可以完全粉碎納爾遜美妙的進攻計畫。但事實上，聯合艦隊的側舷炮火始終徒勞無功。從這個層面來講，法國人在特拉法加海戰中的失敗，不能完全歸咎於德維爾納夫，他面對的是一幫素質參差不齊且能力較為低下的士兵，無法在戰陣、防禦和攻擊中做到較為有效的配合。不過，作為一名艦隊指揮官，他有責任和義務瞭解屬下的情況。事實恰恰相反，一種比較中肯的解釋就是德維爾納夫消極指揮作戰，他內心討厭這場戰爭。

科林伍德的縱隊打了二十分鐘之後，納爾遜率領的縱隊終於在午後與法西聯合艦隊戰列相遇。這時，納爾遜對「勝利」號艦長湯瑪斯·哈迪大聲喊道：「瞧瞧偉大的科林伍德是怎麼駕艦作戰的！」科林伍德也差不多同時對他的旗艦艦長愛德華·

羅思拉姆（Edward Rotheram）說：「要是納爾遜現在在這兒就好了！」[32]

這番喊話從某種程度上反映了兩人的默契，也表明了兩支艦隊若協同起來，就會產生巨大的能量。果然，當科林伍德的旗艦「王權」號在極近的距離以最快的速度接近西班牙戰艦「聖安娜」號（Santa Ana）後，立刻用裝填雙倍彈藥的側舷炮向敵艦進行射擊，效果非常明顯，西班牙人傷亡慘重。

「勝利」號衝入敵艦隊中央戰列後，緊隨其後的還有「魯莽」號（Temeraire）和「海王星」號（Neptune）。這表明納爾遜率領的艦隊能與科林伍德率領的下風縱隊聯合作戰了。納爾遜的想法是，透過炮擊，「在西班牙戰艦『聖三一』號（Santísima Trinidad）和法國旗艦『布森陶爾』號（Bucentaure）之間打開一個缺口」。這是因為「『聖三一』號是當時世界上最大的戰艦，有四層甲板，裝備一一二門火炮，火力強大」。

「聖三一」號的艦長是西班牙海軍少將巴爾塔薩·伊達爾戈·德西斯內羅斯（Baltasar Hidalgo de Cisneros），他似乎看出了納爾遜的意圖。他已經儘量縮小與

32 摘自羅伯特·索錫（Robert Southey）所著的《納爾遜的一生》（*The Life of Nelson*），該書目前沒有中文版，相關內容可參閱馬漢的《納爾遜傳》。

前方「布森陶爾」號之間的距離，卻無法阻止「勝利」號經過這艘法國旗艦的船艉。於是，納爾遜旗艦側舷炮發出的第一波猛烈射擊效果十分顯著，炮彈掠過甲板，給予敵艦很大的殺傷，尤其是火力強大的六十八磅加倫炮使許多法國人命喪當場。很快，越來越多的戰艦加入戰事，似乎在一瞬間就演變為一場混戰。

讓人覺得不可思議的是，直到這時，德維爾納夫才冒著彈雨命令前衛艦隊指揮官皮埃爾·迪馬努瓦爾·勒佩利（Pierre Dumanoir le Pelley）海軍少將投入戰鬥。可惜，這位前衛艦隊指揮官「起初並沒有對信號作出反應，仍從容不迫地率領艦隊向北航行，就此遠離了真正的戰鬥」。這是讓法國人倍感遺憾的一件事，一種說法是「如果前衛艦隊迅速趕到，戰事結局會是怎樣就難說了」。

納爾遜的「勝利」號正遭受法艦「海王星」號（與英艦同名）的猛烈打擊。與之同時，正在靠近的法艦「敬畏」號（Redoutable）也對「勝利」號進行了攻擊，直到「敬畏」號喪失全部桅杆後才放棄攻擊。其艦長讓·雅克·艾蒂安·盧卡（Jean Jacques Etienne Lucas）後來成為法國的大英雄，他在特拉法加海戰中表現最英勇。遭到圍攻的「勝利」號試圖繞到「布森陶爾」號的側翼，結果失敗了，因為「敬畏」號從側後方將其緊緊貼住。情況萬分危急，若不是「勝利」號的甲板高出對方很多，法國人差點就登上「勝利」號了。即便如此，「敬畏」號上密集的火槍射擊也給「勝利」號造成了慘重損失。如果從上空俯視，就會清晰地看到：法國狙擊手坐在桅杆上肆意地捕捉著「勝利」號甲板上的目標。

這是一個非常重要的節點，因為納爾遜即將走到生命的盡頭。在「勝利」號投入戰鬥近一小時後，即十三時十五分左右，「一位狙擊手在『敬畏』號的槍樓上認出了納爾遜的軍銜標誌，並用火槍向他射擊。子彈擊中了他的左肩，撕裂了肩章和軍裝上衣，打穿了肩胛骨、肺部和脊柱，最後卡在背部肌肉中。受了致命傷的海軍中將被抬進了船艙，艦長湯瑪斯·哈迪則在『勝利』號上代為指揮戰事」。不久，「魯莽」號趕來支援「勝利」號，從另一側非常有效地攻擊了「敬畏」號右舷，「敬畏」號上的法國水兵當場陣亡超過兩百人，但是這對於納爾遜本人來說為時已晚。身受重傷的他在戰列艦戰鬥中最安全的位置——甲板的最下層接受隨艦軍醫的診治。「大家試著同他說些鼓舞人心和充滿希望的話，但納爾遜勳爵已經很清楚醫生確診的結果——他沒有生還希望」。

海上的戰事越來越激烈，按照英國歷史學家彼得·瓦立克（Peter Warwick）在《來自特拉法加海戰的聲音》（*Voices from the Battle of Trafalgar*）中的描述：「濃密的煙霧中到處都閃著火光，爆炸聲不絕於耳；很多戰艦幾乎已經沒有船艙了，被濃密的硝煙包裹著；有些對手擦肩而過卻毫無察覺，或者偶然地陷入厮殺；海上到處漂浮著殘骸碎片與屍體。『敬畏』號艦長讓・盧卡後來說，根本不可能描述英國人要命的側舷炮造成的恐怖景象。不到半個小時，他的戰艦就被打得稀巴爛，艦上所有火炮都被摧毀，到處都散落著屍體與船體碎片。他的六百四十三名船員中有三百人死亡，兩百二十二人受傷。」

戰事繼續進行，德國歷史學家阿內爾・卡爾斯滕和奧拉夫・拉德認為，之後的作戰基本上是英國艦隊完全掌控主導權：「身處『絕妙』號（Formidable）上的迪馬努瓦爾・勒佩利少將終於決定率領他的前衛艦隊調頭返回。但由於風勢微弱，船隻航行和調頭極為艱難，必須放下小艇拖動巨大的船體轉向。就在迪馬努瓦爾・勒佩利和他的分艦隊好不容易朝著中央艦隊方向駛來時，多艘英國戰艦已排成一列，準備抵禦其反擊的威脅。於是，這位法國海軍少將承認戰敗，並逃離了戰場。皇家海軍『非洲』號（Africa）在戰鬥之初就跑到了聯合艦隊的前衛艦隊附近，因而未經惡戰。『海王星』號和『聖奧古斯丁』號（San Agustin）尾隨其後，它們是西班牙前衛艦隊少量艦隻中的兩艘，這支艦隊還成功地趕往中央艦隊提供支援。『非洲』號艦長亨利・迪格比（Henry Digby）操控戰艦駛入濃密的硝煙中，他認為『聖三一』號已經降下了軍旗，至少能辨認出其巨大的船體。於是，他派出一艘小艇，載著一支小分隊前往這艘西班牙戰艦接受投降。」[33]

這場海戰過程中值得一提的還有三方面的內容：一是法國戰艦「阿希爾」號（Achille）的彈藥艙突然發生爆炸，整艘戰艦瞬間被撕裂；二是表現最為英勇的「聖三一」號被好幾艘英國戰艦包圍了數小時，「艦上的西班牙海軍少將德西斯內羅斯最後也不得不降下了軍旗。這時，身負致命傷仍繼續指揮戰鬥的西班牙海軍上將格拉維納向所有尚能接受命令的戰艦發出停戰信號」；三是法國海軍中將德維爾納夫一直都在受到重創的「布森陶爾」號上，卻奇蹟般毫髮未損。但面對災難性的局面，他還是宣布投降並成為階下囚。

這場海戰，英國人勝利了。

隨後，湯瑪斯．哈迪艦長把戰役結束與英國獲勝的消息告訴了瀕死的納爾遜。

雖然英國艦隊贏得了戰役勝利，且未損失一艘艦船，但許多英國艦船嚴重受損，比繳獲的幾乎被打殘的敵艦好不到哪裡去。就連科林伍德也不得不用另一艘船來替換幾乎被打成空船殼的「王權」號，納爾遜死後，他成為遭受重創的英國艦隊的司令。

33 參閱阿內爾．卡爾斯勝和奧拉夫．拉德的《大海戰：世界歷史的轉捩點》；朱利安．科貝特的《特拉法加戰役》。

接下來，讓英國人擔憂的事情是海上風暴即將來臨，這讓剛經歷了激烈戰鬥的艦隊幾乎沒有什麼休整時間，也讓科林伍德就「繳獲的十七艘法西聯合艦隊戰列艦上的上千名俘虜如何安置」的問題感到頭疼。實際上，科林伍德已經別無選擇了，「因為很快就會遇上陸地，所有戰艦都會撞碎在海岸邊，他必須率艦隊遠離陸地，繼續向海洋進發」。

海上風暴差一點就讓英國艦隊全隊毀滅。「在不得不砍斷錨繩之後，被繳獲的價值超過一百萬英鎊的戰艦在風暴中顛簸著。『聖奧古斯丁』號和『聖三一』號載著數百名船員沉入海底，『敬畏』號與『布森陶爾』號的下場也是一樣」。[34]一週後，英國艦隊才進入安全海域。

§

特拉法加海戰中，「英國艦隊陣亡或失蹤四百四十九人，受傷一千兩百〇四人；西班牙艦隊死亡一千人，受傷近一千四人；法國損失超過三千人，超過一千名水手

34 參閱阿內爾·卡爾斯滕和奧拉夫·拉德的《大海戰：世界歷史的轉捩點》；朱利安·科貝特的《特拉法加戰役》。

受傷。法國和西班牙艦隊被俘總人數近萬人，不過，大部分人並非死於英軍炮彈下，而是葬身於風暴之中。水手們在船隻下沉或擱淺時溺亡」。

對英國而言，「特拉法加海戰標誌著皇家海軍尋求絕對統治海洋的一系列海戰達到頂峰。當時加速擴建的基地體系確保了海軍在世界範圍內的行動自由。除了裝備火炮的戰列艦，這一海洋強權政策主要是建立在技術知識的學習與應用上，例如測定經度、海路製圖或者對壞血病的遏制」。

作為世界範圍內最具決定性的會戰之一，這場海戰讓英國人最終統治了海洋。「它不僅使不列顛群島免遭入侵，而且建立了一道延伸到世界兩端的防線；它不僅摧毀了法國的海軍力量，而且透過確保地中海與通往東方的基地，使得拿破崙海軍的任何復甦都無法再對英國的海外領地造成嚴重威脅。」[35]

而小威廉·皮特的戰略的正確性也體現於此，一八〇六年一月中旬，貝爾德的部隊完全占領了開普敦，加之西西里島已在掌握之中，這兩者結合在一起使得大英帝國堅不可摧。

35 參閱阿內爾·卡爾斯滕和奧拉夫·拉德的《大海戰：世界歷史的轉捩點》；朱利安·科貝特的《特拉法加戰役》。

海洋已經提供了它能提供的一切，剩下的就看英國人如何去經營了。對法國人而言，在特拉法加海戰中的失敗，雖然失利於海洋，卻主宰了歐洲陸地。對此，朱利安·科貝特在《特拉法加戰役》中寫道：「如果英國對抗的是拿破崙之外的任何人，如果英國的盟友是普魯士之外的任何國家（在盟約國中，普魯士未能發揮出應有的作用，某種程度上講，普魯士拖了後腿），它都會贏得比這多得多的成就。」

一八〇五年的特拉法加海戰的另一個意義在於，法國人在一八〇三年將路易斯安那賣給了美國。這種影響力會在之後愈加明顯，美國因為有了這塊地，使其擴張的面積約占今日領土的三分之一。這預示著「美國的海軍將在二十世紀下半葉成為世界最強大的海軍」。因此，歷史的諷刺在於，如果英國的海上霸權使其擁有了路易斯安那，或者說英國沒有脫離這塊殖民地，在皇家海軍的優勢下，美國海軍的崛起可能路途更加漫長。

至於在這場海戰中創下奇跡的納爾遜，除了成為人們津津樂道的英雄人物，他那有名的「英格蘭期盼恪盡職守」的旗語也已經影響深遠，一個明顯的證據就是，「十九世紀的美國海軍和二十世紀初的日本海軍都在海戰中使用過這類旗語信號」。

Chapter III

利薩海戰

瀕死者的勝利

（西元 1866 年）

我離開維也納時感覺很痛苦，上層的無知與漫不經心會在這幾年中讓飽受誹謗與侮辱的海軍成為無情的犧牲品。

——德國學者榮・溫克勒爾《利薩》

01
義大利的噩夢

一八六六年七月二十日，在亞得里亞海的克羅埃西亞小島——利薩島（也叫維斯島，Vis）附近海域，兩支差異巨大的艦隊進行了一場海上作戰。當時，義大利王國剛剛擁有一支先進的艦隊，奧地利帝國卻還在使用那支古老的艦隊捍衛這個半專制的多民族國家。

按照一般分析思路，先進的艦隊必然戰勝落後的艦隊。然而，在奧地利海軍少將威廉・馮・特格特霍夫[1]的指揮下，看起來必敗無疑的古老艦隊卻取得了引起轟動的勝利。這對義大利而言，簡直就是噩夢般的恥辱。

一種普遍觀點認為，義大利人在利薩海戰中失敗的主要原因應歸結於指揮作戰的海軍上將卡洛・佩利昂・迪佩爾薩

1　一八二七—一八七一年，十九世紀最偉大的海軍指揮官之一。在利薩海戰中，他敢於突破常規的戰列線，以「楔形」切入敵方戰列線，然後集中兵力及火力發動攻擊，最終擊敗了先進的義大利艦隊。值得一提的是，這種戰術也影響到十八年後的北洋海軍在黃海海戰的佈陣。

諾（Carlo Pellion di Persano）的抗命不從。不過，當時已經六十歲的他，更加注重的是個人名譽問題。從這個角度來想，或許是能夠讓人理解的。因為戰事的失敗，國內民眾對海軍熱情減退，對花費鉅資打造的新式艦隊極其失望。就此，迪佩爾薩諾上將不得不在一八六六年發表了《利薩的事實》為自己辯白。

在這份辯白書裡，他站在自己的視角，用長達三十五頁的篇幅詳細講述了「利薩的事實」，並把責任「毫無破綻」地推卸到了海軍中將焦萬・巴蒂斯塔・阿爾比尼（Giovan Battista Albini）身上。然而，這位海軍上將忽略掉一個最根本的推斷常識，只要把前後內容相聯繫，就能知道所有的結論都如掩耳盜鈴一般。他「聲稱奧地利人還用步槍朝著『義大利國王』號（Re d'Italia）船體的破洞射擊」；「他為戰役中更為知名的犧牲者獻上了悲傷的悼詞」；他還「宣稱十艘義大利戰艦力戰二十七艘奧地利戰艦，捍衛了義大利國旗的榮譽」。但是，作為一名海軍上將，作為這個國家的重臣，難道不應該全身心地投入戰鬥嗎？最讓人驚愕的是，他對任何導致失敗的根本原因隻字不提，他毫無愧色地「聲稱自己待在戰場上的時間長於對手……自己才是戰役的勝利者」。[2]

如果說利薩海戰中沒落的哈布斯堡君主利用一支古老的艦隊在亞得里亞海狠狠地敲打了野心勃勃的義大利人，並讓敵人感受到恥辱，那這位海軍上將因不敢面對失敗而百般狡辯將是義大利更大的恥辱。

對於利薩海戰這段歷史還需要向前和向後審視，然後我們會發現，義大利海軍上將迪佩爾薩諾「無論從專業水準還是性格氣質都無法勝任作戰任務」。他所做的一切自辯都將於事無補——法庭對他和阿爾比尼中將進行了審判，審判到一八六七年才結束。根據義大利學者巴拉特利在《義大利海軍》中的描述，兩位將軍最終被「革除海軍軍籍，剝奪所有動章，養老金也被取消。只是由於皇室的恩典才使佩爾薩諾的養老金得以保留」。

不過，若將一場海戰的失敗完全歸結到個人身上，顯然失之偏頗的。早在一八六六年初夏，他就指出義大利艦隊存在諸多問題：「水兵與士官缺編嚴重，而且由於缺乏訓練，完全不熟悉現代化戰艦複雜的技術設施操作；軍官們既缺乏理論

2　依據阿內爾．卡爾斯滕和奧拉夫．拉德《大海戰：世界歷史的轉捩點》中的相關描述。

培訓和實踐經驗，也不具備團隊精神，相互間普遍存在著徹頭徹尾的不信任與個人恩怨；義大利政府方面對海軍沒有任何規劃。」[3]

義大利海軍部長阿戈斯蒂諾．德普萊提斯（Agostino Depretis）曾於一八六六年七月六日寫信給迪佩爾薩諾。在信中他有這樣的描述：「儘管對一八五九年獲得倫巴底心存不滿，使得與奧地利開戰成為義大利政策的中心目標之一，然而海軍部長德普萊提斯在開戰十天後卻告訴指揮官佩爾薩諾海軍上將，沒有任何出動這支斥鉅資購買的艦隊的計畫。」這說明什麼問題呢？至少表明義大利人的這場利薩島遠征行動「從一開始就無非是一種臨時發動的宣傳戰，其規劃和執行都出現了明顯的軍事專業性失誤……從中可以看出，不光指揮戰鬥的海軍上將與他的大部分軍官，就連這個國家的政治與軍事領導層也完全不瞭解技術與戰術進步給海上作戰提出了何種要求」。[4]

於是，義大利人的噩夢開始了——指望他們滿足這些海上作戰必備的要求純屬奢望。換句話說，「個人與體制缺陷的惡性互動導致義大利海軍輸掉了利薩之戰」。

---

3 依據阿內爾．卡爾斯滕和奧拉夫．拉德《大海戰：世界歷史的轉捩點》中的相關描述。
4 依據阿內爾．卡爾斯滕和奧拉夫．拉德《大海戰：世界歷史的轉捩點》中的相關描述。

對此，朱塞佩・加里波第（Giuseppe Garibaldi）[5]在其回憶錄裡就有很中肯的評價，他認為：「一八六六年的遠征開啟了光明的前景。國家……充滿了熱情和犧牲精神。人們把數量占優的己方艦隊與一個處於下風的、從一開始就認定可以擊敗的對手相比……一切都預示著一場輝煌的運動，它將掃除所有障礙，使我們的國家步入歐洲強國之林……但事情不是這樣，在穿著戰袍的耶穌會教士的領導下，這場運動蒙受了陰溝翻船的羞辱。」

§

回到海軍上將迪佩爾薩諾身上，我們還會發現這場讓義大利人倍感屈辱的海戰充斥著諸多鮮為人知的細節。

應該說，利薩海戰前的義大利占據了物質和精神上的優勢。就精神層面來講，「民族主義者對解放此前屬於哈布斯堡多民族國家的上義大利地區充滿熱情」。一八六六年六月，普魯士與義大利聯合向奧地利進攻，普魯士的主要目的是想把德

5　一八〇七—一八八二年，義大利建國三傑之一，另兩位是撒丁王國的首相卡米洛・本索・加富爾和創立青年義大利黨的朱塞佩・馬志尼。

意志境內的各邦都劃分到自己名下，義大利的主要目的則是想收復被奧地利侵占的失地威尼斯。紛爭就這樣產生了。

在各懷目的的交鋒中，與義大利人中的那些狂熱民族主義者相對應的是那些慵懶之人，這裡面尤以海軍將領迪佩爾薩諾最具代表性。作為艦隊總司令，他毫無幹勁的表現無疑起到了一種「表率作用」，他讓紛爭的戰事裡有了一種奇怪的、糟糕的氣氛正在暗流般湧動。由此，我們會產生一種疑問：為什麼不是能者居之呢？

早在迪佩爾薩諾未上任之前，就出現了關於他的尖銳批評。一八六二年迪佩爾薩諾擔任海軍部長，憑藉這一特殊的身分，他理所當然地與政府建立了良好關係，也正是因為這樣的身分，他成功落實了一系列先進鐵甲戰艦的建造工作。在擁有了這樣的功勞後，他順理成章地擔任艦隊總司令一職。不過，能夠落實與海軍相關的工作並不代表能指揮一場海上戰鬥。更何況，他對自己部隊的實際訓練與艦隊出動毫無興趣。他更喜歡走形式主義，譬如對奧地利艦隊冷嘲熱諷，帶著艦隊四處巡弋卻沒有任何戰略意圖。

在一八六六年六月二十四日的庫斯托扎（Custoza）戰役中，義大利國王維克托・伊曼紐二世（Victor Emmanuel II）[6]，表現得非常糟糕，擁兵十七・五萬的他竟然被兵力不到其一半的奧地利阿爾布雷希特・弗里德里希・魯道夫大公（Albrecht Friedrich Rudolf）[7]擊敗。

就在義大利的全部輿論都指向庫斯托扎之敗，這個國家急需一場軍事勝利時，迪佩爾薩諾卻表現得十分消極。這種性格與處事態度簡直讓人費解，就像他在利薩海戰中突然要求停船，把旗艦從「義大利國王」號換成「鉛錘」號（Affondatore）一樣，僅僅是因為從英國購買的新式戰艦到了。他「一再拒絕服從攻擊並摧毀奧地利艦隊的明確命令，整日率領艦隊在亞得里亞海中央遊弋」。[8]

最讓人捉摸不透的是，他極為小心翼翼地讓艦隊「東躲西藏」，這樣就可以做到既不被義大利，也不被克羅埃西亞——奧地利的海岸邊的人員發現。

自此之後，下屬對他充滿了蔑視。根據義大利學者伊奇諾在《利薩》中的描述，

6 一八二〇—一八七八，撒丁王國國王，也是一八六一年義大利統一後的第一個國王。

7 一八一七—一八九五年，出身非常顯赫的第三代特申大公爵，神聖羅馬帝國皇帝利奧波德二世之孫，擁有奧地利、俄國和德意志帝國三國陸軍元帥軍銜。

8 依據阿內爾・卡爾斯滕和奧拉夫・拉德《大海戰：世界歷史的轉捩點》中的描述。

時任「葡萄牙國王」號（Re di Portogallo）鐵甲艦艦長奧古斯托・里博第（Augusto Riboty）曾在七月十三日的航海日誌裡這樣寫道：「我們又在安科納（Ancona）[9]拋錨了。很好奇地想知道，這種巡航的目的何在？航行期間我們消耗了大量的煤，機器也耗損得厲害，卻沒有一次用望遠鏡觀察過敵人，或者威尼斯，或者達爾馬提亞海岸。不過我們有義務相信指揮官知道自己在做什麼，下屬的義務正是盲目服從。」從這番話語中，我們可以輕易地感受到艦長對司令濃濃的諷刺。

就連海軍部長德普萊提斯也看不下去了。根據一八六六年十一月十五日的《兩個世界雜誌》上希爾伯格撰寫的《利薩海戰》中的描述，一八六六年七月十五日，他親自火速趕往安科納，試圖用他的特殊身分說服迪佩爾薩諾發起攻擊。然而，這位艦隊總司令依舊表示反對，理由是軍官和水兵都還沒有做好完成任務的準備。這樣的回答顯然把海軍部長弄得驚愕不已，最後他只能既無奈又憤怒地說道：「好吧，把這一切告訴我們的人們吧，他們可是沾沾自喜地認為自己的海軍是世界第一。」緊接著，他又補充道：「現在我們讓他們知道，加重了他們的國債，花了整整三億

9 義大利中部瀕臨亞得里亞海的港口，屬天然良港。

資金打造出的這支艦隊都沒法跟奧地利人打一仗！他們會用石頭砸死我們的。之前是誰對奧地利海軍冷嘲熱諷來著？」[10]

迪佩爾薩諾就海軍部長德普萊提斯的「驚愕」等問題專門撰寫文章為自己辯護。他表示，是可供他支配的登陸部隊人數不夠才讓他不願儘快作戰的。

於是，海軍部長很快就向他許諾，會以最快的速度增援他，這樣海軍上將就沒有理由不出擊了。但他還是有些猶豫不決，直到公眾輿論怨聲四起，以及義大利統帥部施壓——「要麼發動進攻，要麼將他免職」，這位艦隊總司令才於一八六六年七月十六日命令艦隊起航。根據義大利學者伊奇諾在《利薩》中的描述，當時的義大利總參謀長拉馬爾莫拉（La Marmora）曾在七月十四日致信迪佩爾薩諾。在信中，總參謀長直言不諱地寫道：「大臣委託我告知E.V.，若艦隊不能夠立刻投入行動，他有權替換艦隊的最高指揮官。」

至此，這支新式艦隊終於可以出發，履行它應盡的義務了。

10 在教皇國於一八七〇年被終結前，教皇都維持著一支小型海軍，這支海軍無論是人員還是裝備都無法滿足十九世紀中葉的海戰要求。一八六一年，海軍上將迪佩爾薩諾在炮轟安科納時，不費吹灰之力就擊敗了這支海軍。因此，他的冷嘲熱諷也算合情合理。

值得一提的是，「在旗艦『義大利國王』號上有迪佩爾薩諾的好友，律師和民族解放派議員皮爾—卡洛．波喬」。迪佩爾薩諾之所以帶上他，有兩方面的原因。一是皮爾—卡洛．波喬原先的任務是占領利薩島後成為臨時總督，這樣就能與海軍上將的權力進行更好的組合了。另一方面，好友的能言善辯可發揮出更好的輿論宣傳作用。從某種意義上講，他的好友就是一座個體的「宣傳公司」。

這次遠征的目標是利薩島——達爾馬提亞海岸邊一個具有重要戰略意義的小島。由於位置重要、海岸陡峭並擁有一座易守難攻的港口，義大利媒體將其稱為「亞得里亞海上的直布羅陀」。

只是，義大利人可能還不知道，一場可怕的噩夢正在向他們引以為傲的新式艦隊逼近。他們更不知道，利薩海戰的災難雖然「持續沉澱」，但「時常湧上人們心頭」。「最後它以曲折的方式在二十世紀震撼世界文壇的小說《魔山》中表露出來。」人們只要一提到義大利「為過去復仇」就會陷入沉思。

02
《魔山》中的中心角色

在二十世紀有一部震驚世界文壇的教育諷刺小說《魔山》，該書的作者是湯瑪斯・曼（Thomas Mann）[11]。作品的主人公叫漢斯・卡斯托爾普（Hans Castorp），另一個中心人物叫洛多維科・塞滕布里尼（Lodovico Settembrini），他是一個愛好文藝的人文主義者，總是竭盡全力地想將漢斯・卡斯托爾普培養成資產階級自由主義的忠實擁躉。當然，我們也可以把他看作是一個理想主義者，他擁護啟蒙運動，支持法國大革命，儘管這兩者已經沾染了些許灰塵，但還是表現得熱切而執著。他的言談中始終充斥著民族主義、自由主義和技術進步三大主題。因此，他算是二十世紀初的「文明吹鼓手」之一。

不過，要將一個人培養成具備某種特質的人是不容易的。最重要的是這個人的身分很重要，且博學多識——至少看起

11 一八七五—一九五五年，享譽世界的德國小說家和散文家，一九二四年發表長篇作品《魔山》，一九二九年獲得諾貝爾文學獎。

來是這個樣子的。讀者看完《魔山》這部小說，會發現「湯瑪斯・曼選擇讓一個義大利人來完成這一學究式的教育任務絕非偶然」。最直接的兩點可從體裁和內容上感知：首先這是一部具有教育諷刺意義的小說，這符合此類作品的高級內涵；其次就是中心人物塞滕布里尼喜歡做演講，偏偏周日的演說言辭雄辯卻無法始終保持思想一致，因為他「大部分演說內容的靈感源自左翼自由主義政治家和革命家朱塞佩・馬志尼（Giuseppe Mazzini，一八〇五－一八七二年）的著作」。

作為統一的義大利的締造者之一，朱塞佩・馬志尼除了擁有屢戰屢敗的起義生涯，還是一位擅長著述之人。一八六〇年四月二十三日，他根據自己的政治際遇寫了一本名叫《論人的責任》的書。其實，這本書裡的共和理念與當時義大利的基本轉向君主制統一運動是背道而馳的。回想他的政治生涯，總因政治才幹不足而敗於對手薩伏依王朝[12]。面對這樣的結果，他時常歎息：「我要的是一個青年的義大利，你們卻給了我一個木乃伊。」

同樣讓人覺得不是偶然的是，塞滕布里尼演說中「不僅捍衛了抽象原則」，對涉

12　歐洲歷史上著名的王朝，曾統治薩伏依公國、撒丁王國，也是一八六一－一九四六年統治義大利王國的王室。

及十九世紀歐洲各國的原則「也反映了十分明確的敵友觀念」。由此，我們可以理解湯瑪斯．曼設置這個人物形象的用意了，塞滕布里尼身上有朱塞佩．馬志尼的影子。也就是說，「發生資產階級革命的法國代表了美好、進步、有前途的國家模式。相反，多民族的奧地利帝國則成了邪惡、守舊、仇視進步且不人道的化身」。這時候，解決問題的理想主義者來了，他就像塞滕布里尼一樣，有著非友即敵的思維模式，卻又自身才幹不足。他竭盡所能試圖將漢斯．卡斯托爾普培養成資產階級自由主義思想的忠實擁躉。於是，他化身為「文明吹鼓手」，以建立一個「理性統治並實行民主的民族國家」為夢想。「不過在達到這一目的之前，那種亞洲式的奴顏婢膝、墨守成規的制度必須要徹底打垮。」換句話說，「在維也納，應當先把奧地利擊潰，這樣既可為過去報仇雪恥，又能使正義占上風，讓地球上的人們獲得幸福」。

回到利薩海戰，一八六六年夏天的這場海上戰事本意是「為過去復仇」，最終卻成為一場令「年輕的義大利自由派、愛國者與啟蒙思想捍衛者難以承受的恥辱」。這倒非常符合湯瑪斯．曼小說《魔山》所彰顯的諷刺特質。

利薩海戰是「第三次義大利獨立戰爭」中的重要組成部分。這場獨立戰爭並不長久，如果不是發生了利薩海戰，它就缺少了許多獨立戰爭中具備的高潮部分。簡單來說，這場戰爭在「一定程度上是一八六六年普奧戰爭在南歐的分支部分」。「面對兩個德意志強國之間日益惡化的緊張關係與迫在眉睫的軍事衝突，年輕的義大利王國直到一八六一年三月十七日才宣布與普魯士結盟」。

當時的奧地利帝國皇帝弗蘭西斯．約瑟夫一世（Francis Joseph I）為了對付敵人，不得不將陸軍拆分為兩部分：對付普魯士的北方軍團；在上義大利地區作戰的相對較弱的南方軍團。結果，那場一八六六年六月二十四日發生在庫斯托扎的戰事太出人意料了！處於弱勢的奧地利軍隊竟然在庫斯托扎附近的加爾達湖南部大敗人數遠遠占優的義大利軍隊。「但對戰爭結局而言，這一勝利似乎只有次要意義，因為僅十天之後，奧軍主力便在凱尼格列附近與普魯士軍隊交戰時遭遇慘敗」。即便如此，義大利軍隊的這次失敗讓國內輿論譁然，畢竟己方兵力兩倍於敵方，卻以大敗收場。

於是，義大利公眾輿論毫不客氣地發出質問：「單靠外國盟友能贏得對那個可惡的維也納死敵的勝利嗎？失敗對於這個年輕王國的軍事和政治聲望來說不啻為一場災難。」公眾輿論的這番話語還指向了另一場災難，這場災難表現在義大利想要獲取更廣闊領土的要求遭遇了「滑鐵盧」。如果戰爭勝利，奧地利人應割讓威尼斯、南蒂羅爾（Südtirol，今義大利特倫蒂諾—上阿迪傑大區的一部分）、的里雅斯特（Trieste）和達爾馬提亞的一部分土地。然而，所有的一切，都因庫斯托扎戰役的失敗泡湯了。

民眾自然是難以接受這樣的結果，特別是那些民族主義者。正如學者斯科蒂在《利薩 1866》中所言：「如果說，和平需要用武力獲得，我們就不能從拿破崙的手中獲得威尼斯和威尼托（Veneto）地區。」換句話說，「如果義大利對戰勝奧地利人的貢獻只是庫斯托扎的慘敗的話，這些過分的願望很難得到滿足」。由此可見民眾對庫斯托扎戰役失敗的屈辱感有多麼強烈。而「為過去復仇」最好的方式就是大力發展海軍，並擁有一支新式的艦隊。

於是，義大利王國建國後便立即投入大量財力與人力組建了它。

§

羅馬直到一八七〇年教皇國終結後才成為義大利首都。成立於佛羅倫斯的議會經過討論，站在政治因素的制高點，批准了投入巨額資金建設艦隊的方案。可是，為什麼一定是政治要求而非軍事要求呢？在海軍部長德普萊提斯在一八六六年七月七日給迪佩爾薩諾提出的要求裡，我們會知曉答案。

當時，他滿腔熱忱（其本意是想激發迪佩爾薩諾的積極性，希望他有所作為）地說道：「要知道，義大利將自己的艦隊視為它未來的力量，義大利最美麗的城市就坐落在這個海邊，這就證明這片海是屬於它的。」更重要的是，「義大利王國的主張深受知識份子和資產階級群體支持」。然而，「在實踐中，兼併結構、傳統和文化甚至語言都迥然不同的領土帶來了一系列難題，大部分難題時至今日都未能解決」。在這種背景下，「義大利創造出本民族象徵的願望十分迫切，艦隊就是這種象徵」。[13]

一八六〇—一八八〇年的二十年間，正好是軍事航海領域不斷發生革命性創新的階段。顯然，這得益於蒸汽革命的福祉，為了擁有一支先進的艦隊，義大利投入艦隊建設的資金高達三億法郎。

一七六五年，英國的儀器修理工詹姆士·瓦特發明了蒸汽機。這種使用新動力的機器在航海中的應用給艦船帶來了意想不到的改變：它使船隻不僅擺脫了風速不定的影響，還迅速提高了自身的速度。對此，我們可以來做一個比較：在一八〇五年的特拉法加海戰中，納爾遜的艦隊在正常情況下，最高時速只有八節左右。到了利薩海戰，先進的現代鐵甲艦最高速度可達十三到十四節。

當然，這種跨越式的提升也經歷了一番歷程。這也可以從「葡萄牙國王」號

13 依據阿內爾·卡爾斯滕和奥拉夫·拉德《大海戰：世界歷史的轉捩點》中的相關描述。

戰艦身上得到體現，它是義大利艦隊「義大利國王」號的姊妹艦。這艘戰艦是一八六六年左右艦型變革的有力表現之一，它採用獨特的混合動力形式。首先，這艘戰艦沒有拋棄桅杆，可如之前的戰艦適風航行；其次，加入煙囪的設計表明這艘戰艦已經開始了對現代蒸汽動力的運用。火炮的配置和傳統布局沒有什麼兩樣，安裝在船體兩側的火炮甲板上。值得一提的是，這種火炮配置在下一代戰艦中將被旋轉炮塔取代。

蒸汽機為新一代戰艦提供更好動力的同時也伴隨著致命的缺陷——蒸汽機易受攻擊，且耗煤量很大。為了彌補這一缺陷，設計師暫時沒有放棄使用風力作為候補動力。另外，從外觀上看，早期的蒸汽船不太好看——這種安裝了「桅杆、索具和煙囪的蒸汽船與帆船的結合體看起來就像是一個怪物似的」。不過，從長遠來看，未來很長一段時間裡一定是屬於蒸汽船的世界。對海戰而言，它將在戰術上產生深遠的影響——這種影響是由速度的提升引發的。換句話說，「此前與敵艦作戰時往往起決定作用的接舷戰在未來將不復存在」。

鋼鐵工業的進步也為海戰帶來了另一項革命性的進步。

具體來說，在蒸汽革命後以蒸汽為動力源的艦船不僅速度有了很大提升，還因為裝甲甲板的發明而產生了新型鐵甲艦這一艦種。與傳統的木制戰艦相比，操控一艘船體包裹了重量以千噸計、厚達數釐米鋼板的戰艦航行，當然要困難得多。如果沒有強大的動力支撐，這種艦型應該不會出現。不過，早期的鐵甲艦適航性很差，從第一批鐵甲艦在克里米亞戰爭期間[14]的使用情況（指錫諾普海戰）來看，其適航性不如傳統的木制艦。拋開這點，全風帆操縱的傳統木制戰艦與鐵甲艦作戰時不僅處於下風，甚至可以說毫無取勝機會。這很好理解，在炮彈品質一樣的前提下，「老式戰列艦發射的實心彈打在鐵甲艦上，就像鵝卵石打在混凝土牆上一般彈出去了。反過來，鐵甲艦命中木制戰艦的效果則十分恐怖」。

如果能在火炮品質上再有突破，其殺傷力就更大了。事實上，在這場技術革新中，火炮領域同樣得到了發展。按照阿內爾．卡爾斯滕和奧拉夫．拉德的描述，「其中有四項技術革新在十九世紀中葉引起了轟動：一是後膛炮研製成功，相比傳統的前膛炮，操作更簡易迅速，不過，後膛炮的炮栓問題（比如裝彈後的封閉，發射炮彈產生的膛壓等問題）長時間沒有得到解決，致使英國海軍在一八六四年恢復使用更為安全的前膛炮；二是鑄鐵及不久後的鑄鋼取代了青銅材料，二者耐用性更強；

14　一八五四—一八五六年，指一八五三年十月二十日因爭奪小亞細亞地區的控制權而在歐洲爆發的一場戰爭。

三是線膛炮技術的運用，也就是在炮管內部鍛壓螺線型的凹槽，使炮彈旋轉飛行，以使其飛行軌跡保持穩定，並顯著提高了穿透力；四是傳統實心彈被爆破彈取代，後者破壞力明顯要大得多」。

由上所述不難發現，要擁有一支新式艦隊將付出高昂的費用。但「義大利的頭號夢想是成為亞得里亞海的女皇」。因此，我們也不難理解為什麼義大利願意花費三億法郎了。在當時英國、法國和美國的造船廠是具備不錯的生產能力的，尤其是英國，無論在技術還是造船能力都很厲害。於是，「年輕的王國投身於國際資本市場，給法國、英國和美國的造船廠下了訂單，要它們製造配有全新海戰技術裝備的戰艦」。

到一八六六年，「義大利海軍不但擁有像『義大利國王』號這樣的十二艘新式鐵甲艦，戰爭爆發前還有一種全新的艦型及時交付使用，這是一艘被充滿希望地命名為『鉛錘』號的所謂撞角艦。這個裝甲密布、刀槍不入的怪物只有二門火炮，但都是在英國著名的阿姆斯壯鑄炮廠澆鑄的，安裝有裝甲旋轉炮塔，瞄準目標時不受戰艦行駛方向影響，可發射口徑兩百五十四毫米的威力恐怖的爆破彈」。值得一提的是，「撞角艦這一艦型的命名由來，是因為該艦裝備了長達九公尺的艦艏撞角，這在近戰中是一件可怕的武器」。

很顯然，當時的奧地利艦隊對義大利人來說就是「老古董」。

奧地利「沒有一艘戰艦能夠與這些技術進步的尖端產物相匹敵。它本身完全是迫於一八四八－一八四九年革命後義大利統一進程的威脅，才十分勉強地建立起來的」。沒落的哈布斯堡君主還停留在半專制的國家治理層面，並且對軍事力量的看重更傾向於陸軍。在海洋與陸地作戰的權衡中，上層階級更相信陸戰的強大作用。不過，讓人略感奇怪的是，當時的奧地利帝國已經憑藉巴爾幹和上義大利的領地獲得了伸出的沿海地帶，而且也擁有威尼斯與的里雅斯特這兩個重要港口，完全有理由和空間大力發展海軍。最合理的解釋可能是，作為政治中心的維也納自認為這個帝國只是一個陸上強國，而非海上強國。加之建造一支新式艦隊需要巨額的費用，對君主來說，財政匱乏才是最大的疼痛點。因此，即便投資也只會投資於陸軍現代化建設，而不會投給海軍。

奧地利艦隊司令特格特霍夫曾在一封電報中反覆提及古董艦隊的缺陷。首要的是，就連艦隊裡最先進的鐵甲艦「斐迪南・馬克斯大公」號（Erzherzog Ferdinand Max）和「哈布斯堡」號（Habsburg）也缺陷重重。最初的設計是想裝備三十二門重炮，結果因造價問題不得不減少了一半。這些火炮是在埃森（Essen）的克虜伯兵工廠訂購的，然而直到戰爭爆發之初仍未交貨。最後，這兩艘鐵甲艦隻配備了十六門重量輕得多的四十八磅滑膛炮。

面對這樣的尷尬，特格特霍夫氣憤地說道：「什麼也別幹，你們沒有火炮，那就把船交給我，我會讓它盡可能出色地完成任務。」

一八二七年十二月二十三日，特格特霍夫出生在斯洛維尼亞的馬里博爾（Maribor，德語稱其為馬堡，Marburg）。一八四〇年，十三歲的他進入威尼斯的海軍少年軍校學習，「在那裡他第一次學會了義大利語和威尼斯方言，並終生使用這種方言作為指揮語言。這樣做之所以必要，是由於奧地利帝國海軍中少部分軍官和為數更多的水兵都是克羅埃西亞人，他們來自一七九七年前由威尼斯統治的達爾馬提亞沿海地區，因此與來自威尼斯的艦隊成員說的義大利語口音差不多」。從這一點來看，這位少年才俊將在未來為帝國事業大展宏圖。

一八六六年的時局，特格特霍夫早有預見。按照德國學者榮．溫克勒爾在《利薩》中的描述，人們會認為在與紙面上遠勝於己的對手作戰時，奧地利艦隊或老或殘、數量也不占優的戰艦上的「多民族」部隊恐怕不會有太多戰鬥熱情，何況由於民族主義觀念，這些對手對他們來說似乎不是敵人，而應該是兄弟。不過，特格特霍夫也預見到了這些問題，但它們並未影響部下的作戰動力。他反倒在一八六六年四月的一封信中以特有的諷刺風格抱怨了海軍管理層的怠情：「我離開維也納時感覺很痛苦，上層的無知與漫不經心會在這幾年中讓飽受誹謗與侮辱的海軍成為無情的犧牲品。我之所以來到波拉，就是不想被國內外報紙上的戰爭流言所打擾，以便重回港口將軍府和兵工廠，享受舒適寧靜的睡眠；也不會被維也納來的那些戰爭色彩模糊不清的指令所打擾。我們像往常一樣沒裝備好，這樣一定程度上就能滿足那些突然提出的嚴肅要求了。」

在一八六七年的《兩個世界雜誌》裡，希爾伯格撰寫的《利薩海戰》一文中也對特格特霍夫有所描述，表面看來這位海軍將領有所懈怠，實際上「工作起來還是孜孜不倦：彌補裝備缺陷，指導軍官，訓練艦員」。

德國學者肖恩多夫在《特格特霍夫》裡則描述得更為詳細，這期間的進展令他不久後給自己多年來的密友與知己特倫托的艾瑪·馮·盧特羅特男爵寫了一封信，信中展望即將到來的戰鬥時，語氣不說樂觀卻也很平靜：「您不必為您的孩子們——如果您願意這樣稱呼我們這些老蠢貨的話——感到羞恥，這一點我可以向您保證。」由此可見，這位「奧地利艦隊指揮官以不知疲倦的活動贏得了下屬的尊重和信任」。

至於對手，原本占有絕對優勢，現在幾乎沒有了。

03

為過去復仇的海軍

義大利軍隊在庫斯托扎被奧地利軍隊擊敗後，為尋求勝利，義大利人試圖利用海軍優勢擊敗對手。一八六六年六月二十七日，義大利艦隊在迪佩爾薩諾海軍上將的率領下，從安科納出海，企圖用登陸的方式攻占奧地利海軍基地利薩島。

七月十八日，義大利艦隊開始對島上的海岸炮臺進行炮擊。按照德國學者希爾伯格在《利薩附近的海戰》中的描述：「炮擊前如果用好地圖資料並仔細偵察，無疑會極有幫助。儘管海軍部長德普萊提斯善意地勸告佩爾薩諾海軍上將應迅速在安科納古董店裡購買合適的地圖。然而，這兩項工作他還是沒有完成。」當義大利司令官到了現場才發現「守島敵軍位於陡坡上的炮兵陣地大部分都處於本方艦炮射程之外」，義大利艦隊隨後放棄了對要塞的炮擊。這個說法主要源自奉命射擊奧地利火炮陣地的海軍中將喬瓦尼·瓦卡（Giovanni Vacca），當時他向迪佩爾薩諾建議：「不能對要塞進行炮擊，因為要塞位置太高。」

不過，在頭兩天連續的炮擊下，義大利人並非一無所獲，前提是特格特霍夫率領的艦隊還未趕到。猛烈的炮火成功摧毀了奧地利港口的大部分火炮。這時，迪佩爾薩諾的朋友皮爾—卡洛．波喬議員的作用發揮出來了，他以熱情洋溢的語調向海軍部長報告了炮擊成果，但代價是我方的鐵甲艦「強大」號（Formidabile）受損並陣亡三人。

如果這時候義大利艦隊能及時「切斷利薩與奧地利艦隊母港波拉之間的電報聯絡」，特格特霍夫就無法知道義大利艦隊的動向。遺憾的是，迪佩爾薩諾下達的命令在經過了漫長的時間後才得以執行，這不僅使波拉方面得知了意軍進攻的消息，也使特格特霍夫對義大利艦隊實力的偵察情報及時送達到守軍手上。後來，迪佩爾薩諾解釋說，他雖然知道特格特霍夫電報的內容，但認為這只是一個詭計，旨在使他心神不寧並停止登陸。

封鎖命令未能得到及時執行倒也罷了，但面對缺乏海軍陸戰隊而未能成功登陸的窘況，迪佩爾薩諾依然不為所動，他似乎認定強大的義大利艦隊已經勝券在握了。於是，他派遣蒸汽艦「埃托雷．菲耶拉莫斯卡」號（Ettore Fieramosca）前往安科納向海軍部長德普萊提斯報告，「亞得里亞海上的直布羅陀」已被實際占領。七月十九日早晨，他自稱「擁有超過兩千六百名海軍陸戰隊用於登陸，守島的奧地利步兵只有不到一千兩百人」。[15]

如果這位海軍上將能夠務實一點，後面的事情就不會繼續惡化下去。迪佩爾薩諾七月十九日還告知「翁貝托親王」號（Principe Umberto）木質蒸汽艦的英國艦長威廉·阿克頓（Wilhelm Acton），讓他暫時中止登陸利薩島，明日繼續。根據旗語官維希（Visci）的回憶，當時這位英國艦長一臉懵相，但不得不服從命令。隨後，他發出疑問：「這是為什麼呢？」旗語官回答說：「我們遇到了抵抗。」他忍不住內心的鬱悶，說了一句：「他們在等什麼？等著敵人請他們吃冰淇淋嗎？這些人根本不懂打仗。」[16]

在停止登陸一天後，進攻在七月二十日清晨才得以繼續進行。與此同時，另一支義大利登陸增援部隊抵達，而北方海平面上也出現了奧地利的艦隊。

這支艦隊由威廉·馮·特格特霍夫少將率領，一共二十七艘戰艦，五百二十五門大炮，七千七百名士兵。他們正在向義大利艦隊靠近。

此時，迪佩爾薩諾則擁有三十四艘戰艦，六百〇五門火炮，一萬一千兩百五十名

15 依據阿內爾·卡爾斯滕和奧拉夫·拉德《大海戰：世界歷史的轉捩點》中的相關描述。
16 依據阿內爾·卡爾斯滕和奧拉夫·拉德《大海戰：世界歷史的轉捩點》中的相關描述。

士兵。他隨即命令部隊取消登陸，沿東北航向排成了一條鐵甲艦戰列，焦萬・阿爾比尼中將則指揮木制戰艦分隊排在鐵甲艦南側充當預備隊。

利薩海戰即將開始！

§

義大利艦隊占據絕對優勢，卻又一步一步將自身的優勢消耗掉。從戰術來講，作為指揮官的迪佩爾薩諾可以憑藉己方艦隊的絕對火力優勢，與敵艦保持一定距離，最後直接齊射就可以了。因為，在鐵甲艦的火炮威力下，對方的木制艦幾乎是不堪一擊的。而且，義大利艦隊的機動性和航速都大大優於奧地利艦隊。

因此，要做到上述戰術的完整發揮並不需要多少時間。也就是說，迪佩爾薩諾只需下令讓艦隊向東南方行進，與敵艦隊航向平行即可。

然而，迪佩爾薩諾的行動讓人完全看不明白，他竟然讓主力艦隊向東北偏北方向航行。也許，他是打算讓鐵甲艦排成緊密戰線迎敵吧。不過，這樣的猜測很快就被證實是錯誤的。正當奧地利艦隊快速抵近的時候迪佩爾薩諾忽然要求更換旗艦，原來，英國人交付給義大利的「鉛錘」號到了。只見迪佩爾薩諾帶著擔任副官的兒子及部分參謀人員離開了「義大利國王」號，乘小艇登上了裝甲更厚的「鉛錘」號。更有意思的是，他的朋友皮爾—卡洛．波喬議員也要求一同前往，卻被他婉言拒絕了。

這些奇怪的行動或許只有一個理由可以解釋：「鉛錘」號是英國人製造的！裝甲更厚更耐炸。不過，作為一名艦隊指揮官，他沒有考慮到「鉛錘」號上層建築低平的弱點，這會導致指揮官在上面縱覽戰事的條件極差。錯誤正在繼續，指揮官要更換旗艦卻沒有把這個消息通知全艦隊，完全是擅自行動，不顧大局。這樣的擅自行動不僅是多餘的，而且還是有害的——因為「鉛錘」號上沒有海軍上將旗！於是，只能升起艦上保存的海軍中將旗。換句話說，「義大利各艦的大多數艦長在開戰時完全不知道指揮官身處何方」。在利薩海戰結束後，一八六六年八月一日的英國《旗幟報》刊載了一篇評論：「轉移到耐炸的『鉛錘』號之後，迪佩爾薩諾根本無法再縱覽戰事，也無法向他指揮的艦隊下達命令，因此他要對這一遠比純粹無能嚴重得多的違規行為負責。」

沒有上將旗，如果進行更換，就需要花費更多的時間。戰事在即，並且又妨礙了「義大利國王」號在鐵甲艦戰列中占據的指定位置。於是，原本形成的戰列線留下了一個大缺口。這在海戰中是較少見的，它給奧地利艦隊一個絕佳的機會——正好可以衝進這個缺口。

這時候，奧地利艦隊指揮官的聰明才智就體現出來了。鑒於實力對比，特格特霍夫「為他的戰艦選擇了一個大膽而完全合理的進軍與作戰隊形」。這是一個創舉，歷史評價說，它對十九世紀中後期海軍兵器和海戰戰術的發展產生了重要的引導指向作用。在十九世紀中葉的海戰中，大都採取艦船成單一縱列的形式，然後使用側舷炮，這是大家認為最適宜的戰術。然而，在一八六六年七月二十日的利薩海戰中，特格特霍夫敢於打破常規，讓弱小的奧地利艦隊戰勝了強大的義大利艦隊。

具體來說，特格特霍夫將艦隊分成了三個楔形分隊。第一分隊為主力艦隊，因為裡面是奧地利少有的7艘現代化鐵甲艦，即特格特霍夫的旗艦「斐迪南·馬克斯大公」號，由他本人親自指揮；第二分隊大部分是脆弱的木制戰艦；第三分隊則由幾乎無法作戰的輕型艦艇組成。這三支分隊構成了楔形，它們將在特格特霍夫的指揮下對敵艦發動最具優勢的攻擊。

按照阿內爾·卡爾斯滕和奧拉夫·拉德的描述：「由於義大利艦炮射程遠、穿透力強，特格特霍夫不得不避免在遠距離展開火炮對射，只能盡可能快地縮短與敵人之間的距離。近距離上集中射擊目標也許會起作用，但無論如何要抓住每次機會使用撞角。」

這是利薩海戰中最關鍵的一點，奧地利艦隊指揮官必須抓住它。古老的海戰打法將在這一刻上演。

十時三十分，特格特霍夫在旗艦「斐迪南・馬克斯大公」號上發出命令：「衝向敵艦，撞沉它！」之後，奧地利艦隊抵近敵艦的速度是如此之快，連已經準備好的後續旗語信號「一定要在利薩取勝」都根本沒有時間發出。

義大利人首先開火，並且擊中敵方鐵甲艦「龍」號（Drache）的電報設施，彈片削去了艦長海因里希・馮・莫爾（Heinrich von Moll）的腦袋。這已算得上是很好的戰果了，除此之外，義大利艦隊的炮擊效果非常一般。倒是奧地利艦隊的射擊精准度好一些，但都打在敵方戰艦的裝甲上彈開了。如果用望遠鏡觀看，我們會發現很有意思的場景：沒有了迪佩爾薩諾的「義大利國王」號同特格特霍夫的「斐迪南・馬克斯大公」號在短距離中並行了一段時間，在此期間，彼此對射卻沒能造成損傷——一個打不中，另一個也打不穿。

關於義大利艦隊的火炮命中率，德國學者阿爾弗雷德・施滕策爾有詳細的描述，在利薩海戰中，「義大利人與奧地利人命中比是1：10，但義大利與奧地利的炮彈發射數之比是一千五：四千」。難怪英國《泰晤士報》記者八月十五日在的里雅斯特報導說：「義大利軍艦的低命中率當然是一個『偉大的謎』。許多證人保證說，火炮開火時炮膛裡壓根沒有炮彈。不過大家都贊同的是，射擊秩序一團糟。」一位奧地利艦長聲稱他在利薩不停地「一遍遍問自己：『這真是一場戰鬥嗎？』」義大利艦隊指揮官迪佩爾薩諾卻解釋說：「極其令人失望的是，『鉛錘』號的舵機運轉並不精確。」就算他說的是事實，他也應該能想到一艘剛從造船廠駛出的新型戰艦臨時加入艦隊，是無法保證其運轉完全不出差錯的，它至少應該試航一段時間。然而，考慮到它是英國人建造的，考慮到它更耐炸，迪佩爾薩諾還是毫不猶豫地選擇了它作為旗艦。[17]

奧地利艦隊的火炮命中率雖然高，但大都屬於老舊、口徑過小的火炮，因此從炮擊敵艦的效果來看幾乎沒有什麼破壞力。在這種局面下只能寄希望於僥倖命中，不過對特格特霍夫而言，他已經找到比這更好的解決辦法了。

早期的海戰大都採取撞角撞沉敵艦的戰術。奧地利艦隊在分為三支分隊後，正好以楔形陣型接近敵艦。在一八六六年八月十五日發回的里雅斯特的報告裡聲稱，海面上的戰鬥快就「演變成一場混亂的近戰」。隨著時間的推移，混戰場面更加激烈，而「濃密的硝煙使能見度降到幾公尺之內，也妨礙了戰鬥的進行」。這一說法也在奧地利艦隊第二分隊指揮官，「凱撒」號（Kaiser Max）艦長安東・馮・佩茨（Anton

17 引自阿內爾・卡爾斯滕和奧拉夫・拉德《大海戰：世界歷史的轉捩點》中的轉述。

von Petz）的報告裡得到了證實。我們還可以從他的報告中知曉當時混戰場面中的一幕：「我注意到一艘大型鐵甲艦從右方駛來，顯然打算朝我們衝過來。但我這邊先前被硝煙籠罩，因此當它距離已相當近時，下面的狀況發生了：我本來完全可以快速傾斜艦體避開衝撞，但左船艉距離己方的蒸汽艦『伊莉莎白皇后』號（Kaiserin Elizabeth）和蒸汽快速艦『弗里德里希大公』號（Erzherzog Friedrich）已經不到一百公尺了，它們也有被本來衝著我們來的敵艦撞上的危險。我反倒希望能用『凱撒』號撞擊敵艦，使其喪失戰鬥力。於是我艦先向右舷傾斜了一點……雖然挨了對手一次齊射，但還是從與蒸汽機大概齊平的高度撞進了敵艦艦體。」但是撞角未能致命：「因為撞擊角度不垂直，而只是成一個鈍角，所以敵艦向其右舷側劇烈傾斜了一下，然後沿著我們的左舷側滑了出來……」儘管一些裝甲和炮眼因被擠壓而受損，但敵艦仍有作戰能力。「凱撒」號則在衝撞中失去了前桅，向後傾倒，煙囪也被摧毀，引發了甲板大火；敵艦射擊命中也造成了進一步損傷。佩茨艦長不得不下令朝著安全的利薩港航行，以免這艘已經嚴重受損的戰艦再遭受不必要的損失。

在混亂的戰場中央，「義大利國王」號被數艘奧地利鐵甲艦包圍了。一個叫安東·羅馬科（Anton Romako）的畫家在一八七八－一八八〇年間，把特格特霍夫少將在利薩海戰中的這一時刻誇張地描繪了出來。當時他的旗艦「斐迪南·馬克斯大公」

號正準備撞沉義大利鐵甲艦「義大利國王」號，他的身邊圍繞著軍官和水兵，他們各自誇張的面部表情與肢體動作生動形象地表現出了當時每個人緊張又求勝的心理。值得一提的是，安東．羅馬科的這幅名為《冷血求勝》的畫並沒有表現激烈的戰爭場景，而是將重點放在人物形象的刻畫上，這在當時是飽受辛辣批評的。不過，它卻成為十九世紀歷史題材繪畫的一個里程碑。

撞沉「義大利國王」號的具體情形詳細過程是這樣的：十一時三十分左右，特格特霍夫的旗艦「斐迪南．馬克斯大公」號在幾百公尺外發現了它。當時「義大利國王」號的舵已損壞。艦長馬克斯．馮．斯特恩耐克立即下了「撞擊令」。「義大利國王」號無法轉向以減小撞擊角度，它只能以全速前進的方式進行擺脫，但很快就發現為時已晚。當艦長下達相反命令全速後退時，也只是使「義大利國王」號在原地一動不動。「此時，『斐迪南．馬克斯大公』號以十一，五節的最高時速從船體中央撞上了它。」學者弗萊舍在《歷史》中對「義大利國王」號被撞沉的瞬間做了詳細描述：「這次猛烈的碰撞使這艘義大利戰艦片刻間向右側傾斜了約二十五度，隨後又向左側翻滾，大量海水湧入了數平方公尺的漏洞中，使『義大利國王』號在幾分鐘之內就沉沒了。全艦四十二名軍官和六百二十名艦員只有三分之一被救起，二十七名軍官與淵百九十二名艦員隨艦一起沉入了亞得里亞海的波濤中。」值得一提的是，迪佩爾薩諾的好友皮爾—卡洛．波喬議員同樣未能倖免，沉入波濤洶湧的大海中。他對義大利艦隊所作的行動報告還有書信在利薩海戰結束後的幾日裡被海水沖到了利薩海灘上。這些資料都是珍品，成為研究利薩海戰的重要資料之一。

「『義大利國王』號沉沒後，海戰又持續了一段時間，分解成各個同樣激烈卻大多不了了之的零星戰鬥。率領著裝備大約四〇〇門火炮的木殼艦隊的義大利海軍中將阿爾比尼卻寧願在安全距離上旁觀戰局。」對此，迪佩爾薩諾十分憤怒，這也成為日後法庭審判時其自辯的理由之一。他在《利薩的事實》裡表達了自己的憤怒和驚愕：「令我大吃一驚的是，我發現一支沒有裝甲的分艦隊一動不動地停在遠處，並沒有參加戰鬥，反而在向後撤退……」顯然，作為下級指揮官的阿爾比尼的行為在司令官看來是何等錯誤的舉動。因此，從這一角度來看，將義大利艦隊在利薩海戰中的失敗完全歸結在司令官身上是失之偏頗的。

「十二時十五分左右，特格特霍夫向他的戰艦發出了集合信號。成功突破敵人戰線後，奧地利艦隊現在更靠近利薩島，而對手則位於利薩島的西北方，雙方位置幾乎發生了對調。」戰事進行到這裡時，迪佩爾薩諾原打算發布命令扭轉戰局。對此，他在《利薩的事實》裡表述自己很快就懸掛出了「艦隊可以自由行動並追擊敵人」的信號，但沒人理會這道命令。不過，這都是他的辯白，具體的情形可能無法說清了。

我們只能依據他的描述去推斷：極有可能是義大利各艦艦長認為「鉛錘」號的命令再也沒有約束力——就算去追擊敵艦也沒有希望了。隨後，這些艦長將戰艦分成了與奧地利艦隊並行的三個戰列。迪佩爾薩諾惱羞成怒，他發現自己的其他信號依然被屬下置若罔聞。十三時三十分左右，他向部下再次發出警告：「司令官提醒艦隊，任何一艘不作戰的戰艦均屬於擅離職守。」讓他無語的是，他的下屬就像是聾子和瞎子一樣，這次的警告依然沒有產生任何實際效果。

根據特格特霍夫的戰報描述：「此時，在雙方艦隊之間，義大利炮艇『帕萊斯特羅』號（Palestro）正努力回到己方行列。該艇防護水準不足，艇上軍官食堂前廳被一枚榴彈擊中，由於裡面貯藏了二十噸煤，於是迅速燃起大火。騰起的漫天煙霧使滅火人員無法抵達火源處，火勢因而不斷蔓延。艇長命令向彈藥庫灌水以消除爆炸危險，但令人惱火的是，他忘記甲板上的一間棚屋裡還存放著一些彈藥。就在艇員即將撤離無藥可救的『帕萊斯特羅』號之時，該艇於十四時三十分左右飛上了天。兩百四十名艇員中只有二十二人倖免於難。」

「帕萊斯特羅」號的慘烈結局讓義大利人徹底放棄了任何反擊。根據一八六六年八月十四日《泰晤士報》記者從波拉發回的報導：「整個奧地利艦隊沒有損失一艘船，但死傷一百三十八人，其中僅受創最嚴重的木制戰艦『凱撒』號上就有二十二人死亡，八十三人受傷。」義大利方面有六百二十人戰死，一六一人受傷，三十四艘戰艦中有兩艘沉沒，另有一些戰艦受損，在短期內就可以修復。兩週後，因海上惡劣的天氣，被義大利人奉為最耐炸的「鉛錘」號在安科納錨地沉沒。

利薩海戰以奧地利艦隊完勝結束，雖然義大利艦隊遭受了失敗，但整個艦隊還具備作戰能力。不過，這場海戰帶給義大利人的心理感受是非常屈辱的。

§

如何面對一場海戰的失敗是需要很大智慧和勇氣的。

義大利方面，起初是拒絕承認失敗的。他們認為花費鉅資打造的新式艦隊不可能不堪一擊。為了安撫民眾和輿論界，在艦隊抵達安科納之後發布了海戰獲勝的消息。一八六六年七月三十一日《泰晤士報》的社論報導是這樣寫的：「那不勒斯、米蘭、熱那亞和佛羅倫斯張燈結綵，成為舉國歡騰的標誌。一連好多天，政府不顧國勢衰微一直在大肆徵稅。人們抱怨說，他們好像試圖用搶劫來犒賞義大利英雄們的英勇事蹟。」

更讓人大跌眼鏡的是，「在第一批義大利官方公報還沒有給出敵人損失數目的時候，『凱撒』號在隨後登載的新聞評論中便已經沉沒了，然後又宣稱擊沉了三艘奧地利戰艦。有些義大利報紙，像米蘭的《毅力》報很快就把數字變成了八艘」。隨後，大捷的消息變得越來越離譜：一支數量可觀的神祕的蒂羅爾狙擊手部隊在「凱撒」號上待命，並發揮了重要作用，其人數一開始有七百人，很快就翻了一倍多，變成一千五百人。

義大利在媒體上如此大做文章，明顯傷害了特格特霍夫的心。利薩海戰後，他直接晉升海軍中將。為了平息這個很難反駁的「凱撒」號沉沒的謠言，他想出了一個十分有效的辦法，以其人之道還治其人之身，「他在『沉沒』的『凱撒』號上舉辦了一次官方宴會，邀請外國記者和海軍軍官參加」。

這次單方面的行動，觸動了當局者的利益，他們不希望事態繼續擴大。不過，像特格特霍夫這樣對海軍事業抱有夢想的人來說，他是不能理解當局者的內心所想的。因此，他會想當然地認為，「雖然他的擅自行動招致了維也納軍事當局的指責，但他仍然希望利薩大捷能夠提高海軍在維也納的聲譽」。在給夫人艾瑪．馮．盧特羅特的信中，他解釋道：「我所知道的海軍就是艦隊，而不是那些在維也納的火爐邊為戰艦制定條例的無恥偽善者。」但希望很快就被證明是徒勞的，他被半專制的國家弄得身心疲憊，一心想要大力發展海軍的他無法獲得財政上的充分支持，面對爭論不休的局面也無能為力，最後患肺炎於一八七一年十二月在維也納去世，年僅四十四歲。

可以說，特格特霍夫的死具有悲劇性，「造成他努力失敗的體制性原因似乎也正是令這位才華橫溢的軍官迅速崛起並奪取利薩海戰勝利的原因」。正是由於艦隊在「奧地利軍事當局內部只是一個次要角色，才為這位有才幹的局外人創設了前提，使他得以盡可能不受社會政治背景影響而快速升遷」。

這兩者並不矛盾！

利薩海戰成就了特格特霍夫，但半專制的體制下，那些執著於爭權奪利的官僚害了他。名聲大噪的他進入到政治和社會上層的內部集團後，觸碰了不可逾越的界限，「面對他中肯的請求——經過深思熟慮和精確論證的改革建議，上層集團出於表面上的尊敬表示瞭解，但轉瞬間就冷笑著讓這些建議成為所謂社會和政治利益的犧牲品」。不過，特格特霍夫的「個人魅力、航海技能，特別是對下屬的強烈的責任感，他似乎正是軍事領域中『專家』的理想化身」。

與特格特霍夫命運相反的是，他的對手迪佩爾薩諾以皮埃蒙特伯爵的身分「首先充當了加富爾在義大利海軍領導層中的心腹，然後升任部長，最後於一八六六年成為義大利艦隊司令官」。「他的升遷從來不是因為在航海或領兵方面有什麼特殊才幹，正相反，他在這兩個領域的表現都毫無疑問地表明，自己完全不能勝任更高級別的軍事任務。」同時代的有心人早就清楚地看到並指出了這一點。

對此，我們可以從當時著名的李比希——一家從事「肉膏和蛋白腖」生產的公司精心製作的宣傳畫上得到印證。威廉·馮·特格特霍夫於一八七一年英年早逝之後，利薩海戰的勝利者們於一八九六年在維也納的普拉特斯特恩（Praterstern）修建了一座紀念碑。李比希公司的宣傳畫主要分為兩部分，一部分是紀念碑，這座紀念碑中的柱子，即用船頭裝飾的喙形柱的造型參照了古羅馬著名的杜伊利烏斯石柱。由此可見這位利薩海戰英雄在人們心中的位置了。另一部分是特格特霍夫的雕像，身穿海軍制服，望著前方，屹立在紀念碑旁。

迪佩爾薩諾在仕途上的升遷不可阻擋，主要源自他出生在一個能與薩沃伊宮廷保持良好關係的家庭。另外，他還是一個擅長人際交往的高手，「不僅懂得在政治領導人群體中建立有用聯繫，必要時還會及時中斷它。憑藉對時代精神的敏銳嗅覺，這位海軍上將還把握住了公眾輿論日益增長的重要性」。因此，那些大眾媒體能為他搖旗吶喊，能為他洗白吹捧。就算他在利薩海戰中表現得如此之糟糕，也能周全地掩飾過去，這些足以表明他與北義大利大報主編們關係甚佳。不過，他的好日子終歸是到頭了，如果他不是在那份辯白書裡一味地推卸責任，他的結局就大不一樣。

如果不是他的對手作戰堅決、嚴肅認真，他的仕途會更加光明。這兩位在利薩海戰中表現截然不同的海軍將領，在一八六六年贏得了世人應有的評價。

對利薩海戰本身而言，它「不屬於薩拉米斯、勒班陀或特拉法加這樣的著名海戰，不過它事實上是軍事史上的時代轉捩點」。德國歷史學家阿內爾·卡爾斯滕和奧拉夫·拉德認為：「利薩海戰顯然標誌著木制風帆戰艦的時代無可挽回地過去了，未來屬於鐵甲蒸汽艦，儘管從此戰的軍事技術上還看不出這個跡象。由於沒有一艘船被炮火命中而直接沉沒，因此可以說利薩海戰是防禦的勝利。」

德國學者施滕策爾則認為，火炮似乎無法對付現代的裝甲。戰後整個歐洲的海軍界都在熱烈討論：一個撞角艦的新時代是否開始了？不過，「隨著穿透力更強的新式爆破彈研製成功，這一討論很快就終結了」。值得一提的是，正是這一進展才使利薩海戰的經驗得到了持續性推廣，這也是利薩海戰能成為海戰中不可忽視的一戰的根本原因。

從政治層面來講，利薩海戰沒能左右戰爭結局。交戰雙方於一八六六年十月三日在維也納簽署了和平協定，奧地利割讓威尼托大區。根據勞倫斯·桑德豪斯（Lawrence Sondhaus）在其著作《哈布斯堡帝國與海洋：奧地利海軍政策，一七九七—一八六六年》（*The Habsburg Empire and Sea: Austrian Naval Policy,*

1797-1866）中的描述，七月二十六日普魯士與奧地利預先簽署《米庫洛夫和約》後，奧地利將大量部隊調往上義大利地區，和約的簽署同時也給奧方盡可能爭奪領土利益帶來了希望。有鑑於此，在義大利國王維克托・伊曼紐於七月二十九日單獨宣稱對割讓威尼托表示滿意前，首相貝蒂諾・里卡索利（Bettino Ricàsoli）已經將領土要求縮減為威尼托和南蒂羅爾兩個地區。

這裡面有一個小細節需要注意：「不是將其直接割讓給義大利，而是首先交給法國，然後交由全民公決決定該地區歸屬。」換句話說，外交的力量及錯綜複雜的局勢取代了這場海戰勝利的結果。顯然，這不是義大利民族主義者的意願，他們心中真實的想法是，「獲取範圍遠超微尼托的領土；取得軍事勝利；並借此向全世界展示年輕義大利的團結以及民族國家觀念的勝利」。[18]

這就是說，利薩海戰的失敗讓義大利民族主義者以及其他民眾，還有這個國家的團結都將遭受到不利影響。畢竟，誰能接受「一支花費巨大財政和行政成本建立的民族艦隊，首次出征就被對手擊敗甚至羞辱」的事實，「而這個對手此前一直被自

18 依據阿內爾・卡爾斯滕和奧拉夫・拉德《大海戰：世界歷史的轉捩點》中的相關描述。

己鄙視和嘲笑，其各個技術層面也的確全面居於下風」？這個事實徹底打擊了義大利政治領導層和民眾的自信心。

為過去復仇的海軍能否在未來有精彩表現，只能留給後面的歷史。

Chapter IV

日俄對決

諸神要誰滅亡

（西元 1905 年）

勝敗乃兵家常事。沒有人需要為此感到羞愧。
不，重要的只是，我們是否已盡到了自己的責任。
在戰鬥持續的兩天中，您和您手下的表現令人敬佩。

——日本海軍大將東鄉平八郎

01
先天不足

如果一定要給俄國人在對馬海峽的失敗找一個理由，那就是沙皇艦隊還沒有準備好。可是，戰爭會在對手給你充分的時間準備後才開始嗎？顯然，這是不可能的。

日俄之間的明爭暗鬥已經持續較長時間了。一九〇四年二月，這兩個國家因爭奪遠東而持續已久的衝突終於演變成一場戰爭。對日本而言，幾乎沒有什麼國家認為這個東亞島國能與沙皇俄國抗衡。然而，令世界多國刮目相看的是，日本艦隊在旅順港取得了對俄國海軍的一系列勝利。

很快，俄國人不甘失敗，由聖彼德堡發出的命令就指向了太平洋：第二支艦隊從波羅的海出發，後來又派出了第三支艦隊。種種跡象表明，斯拉夫人不好惹。

當俄國人的第二太平洋艦隊經過六個月的航行成功地繞過半個地球，並以為會給日本人一點顏色看看時，卻在到達對馬（Tsushima）群島附近的短暫日子裡（一九〇五年五月二十七日—二十八日）遭受到幾近全艦隊覆滅的命運。

如開頭述及，沙皇艦隊還沒有準備好——第二太平洋艦隊是一支訓練不足、裝備不好的艦隊。從戰爭的勝負角度來看，俄國人是慘敗的。但是從政治得益角度來看，俄國人「因禍得福」，因為，這場災難性的戰爭最終誘發了俄國革命。

斯捷潘．奧西波維奇．馬卡洛夫（Stepan Osipovich Makarov）將軍或許早就預測到會失敗，他在一九〇四年三月八日抵達俄國太平洋軍港旅順港，在就任太平洋艦隊司令官時說了一番讓人吃驚的話。他說：「別指望在戰爭中學到和平時沒學到的東西。」看來，他對這支艦隊的作戰能力是不抱任何幻想的。

我們來看看這支沒有準備好的艦隊規模：七艘戰列艦、四艘裝甲巡洋艦、七艘重巡洋艦、八艘輕巡洋艦以及大量驅逐艦和魚雷艇。此刻，它們正停泊在俄國最重要的太平洋港口中。如果我們只看艦隊的艦型及數字，它的確足以使任何對手產生敬畏心理。但是，衡量一支艦隊的作戰能力絕不是數字簡單相加，今天看來，一九〇四年春天，這支艦隊還沒有做好戰鬥準備。簡單來說，與一個國家在進入工業化時代後的適應能力有重要關聯。

具體而言，工業化時代的技術進步對海上作戰模式有改變。在工業化時代，海上戰爭更需要能夠合理操作艦船這一特殊作戰工具的技術能力，而陸地戰爭則對物質力量和個人勇氣有著更大的依賴，這兩種不同環境下的作戰模式決定了兩者之間大相徑庭的特質。對海上作戰而言，尤其是在十九世紀的現代化進程中，艦員的技術知識和實際操作能力呈指數式提高。在一八六六年的利薩海戰中，在風帆戰艦與蒸汽船的獨特混合體尚在的情況下，艦船操控者就試圖用撞角撞沉敵艦了。到一九〇〇年前後，一支艦隊的支柱主要依靠戰列艦，並且艦船的配備全面升級：噸位大都在一．二萬到一．四萬噸級，且擁有強大的裝甲；工業革命的背景下，艦船驅動力大大提升，採用蒸汽動力，最高時速達到了二十節；裝甲炮塔的火炮口徑超過三百毫米，由於最新技術發明，例如火控和遠端測距裝置，使得艦炮可以從幾公里外發射高爆彈，且射擊的精確度較高。這是四十年前馮．特格特霍夫不敢想像的。當然，要讓所有這些顛覆性的技術成就發揮作用是不可能一蹴而就的。它需要針對所有艦員進行長時間、高強度的操作培訓：不僅要學習合理地操控本艦設備，還要經過多年實踐確保熟練掌握；不定期進行反覆的、接近於實戰的大型戰艦編隊作戰演練。只有這樣，才能讓一支艦隊既能在戰爭發生前做好戰鬥準備，又具備強大的力量。

在十九世紀清帝國長期衰落的大背景下，西方列強對這個衰落的帝國虎視眈眈，從前的遠東霸主在面對以英國為首的歐洲列強對外擴張時，愈加顯得束手無策，任憑擺佈。一系列不平等條約的簽訂不僅讓歐洲人趁機填補由於帝國衰落產生的權力真空，就連來自亞洲的競爭對手——日本也想這樣做。

這個對手之前在面對中國時曾屢遭挫敗，但它懂得變革的力量，並努力改造了從歐洲引進的先進技術與知識。長期以來，因地理環境、意識形態以及大國影響力等諸多因素，歐洲人幾乎沒有把這個遙遠的島國當回事。但一八九四年的中日甲午戰爭卻令世界刮目相看，這個島國首次向世人展示了日本人在變革力量下取得的現代化軍事技術進展——他們的確做到了，在短時間內就徹底擊敗了清帝國，並於一八九五年四月占領了朝鮮和中國東北的南部地區，包括重要港口旅順港。但是，一旦涉及列強的利益，幾乎沒有誰願意妥協或讓步。根據德國學者阿爾弗雷德·施滕策爾的論述，日本的領土擴張與吞併過於激進，立刻招致中國的北方強鄰俄國與法國和德國的共同抗議。日本當局只能咬牙切齒地放棄了來之不易的征服領土，並決定盡一切努力在最短時間內對這次羞辱實施報復。隨後幾年中，歐洲列強的政策不斷刺激著日本人的這一決定。這使得日本人在現代化進程中愈加異化。[1]

鑒於日本人不願意撤出旅順港，俄國人採取的是「逼迫軟弱無能的清政府批准

1　詳情可參閱《現代的異化：日本陸軍史（1878—1945）》《日本帝國陸海軍檔案》。

其修建一條從西伯利亞經滿洲到旅順港的鐵路」的策略，表面上沒有與日本直接開戰，實際上卻劍拔弩張。而俄國人要求「租賃」旅順港包括其周邊地區，更是刺激了日本人擴張的心理。英國軍事歷史學家約翰．理查．黑爾在述及這段歷史的時候表現出十分驚訝的情緒，甚至包括整個歐洲都不敢相信中俄會簽訂這樣的條約（即一八九六年六月三日簽訂的《防禦同盟條約》），他說：「這樣一來，俄國肯定無法再擺出一副玩世不恭的姿態，它還宣稱自己的占領行動不會影響中國的獨立。」[2]

當時的清政府有這樣的決定也大大刺激了其他歐洲列強，他們肆意瓜分這個衰落的帝國：一八九八年，德意志帝國占領了膠州灣。與此同時，考慮到旅順是一個寶貴的長年不凍港，俄國人將旅順港修建成了由要塞拱衛的軍港（即環繞、衛護式的多用軍港）。之前，俄國人已經擁有了太平洋海軍基地符拉迪沃斯托克（Vladivostok，中文又稱海參崴或符市）。負責旅順港擴建工程的是沙皇尼古拉二世的遠東總督、海軍上將及遠東陸海軍總司令，沙皇亞歷山大二世（一八五五—一八八一年在位）的私生子葉夫根

2　相關背景、更多詳情可參閱橫手慎二《日俄戰爭：20世紀第一場大國間戰爭》、朱利安．S．科貝特《日俄海戰 1904—1905》。

尼．伊萬諾維奇．阿列克謝耶夫（Yygeniy Ivanovich Alekseyev）親王，這項工程從一八九九年十二月開始。這是一位頭腦明智、具有很強的外交能力的親王，他認為日俄戰爭在所難免，因此他在負責旅順港擴建工程的同時就開始蓄積力量了。不過，他嗜權如命、肆無忌憚、妄自尊大的個性將成為輕視日本人的重要佐證。也正是因為這樣的個性，他建立起的東亞艦隊看似強大，實則做的都是一些表面工程。這個以自我為中心的獨裁者可能只對儲備現代化戰艦感興趣，他肯定沒有考慮到這些戰艦的戰鬥力絕不僅由它們的裝甲厚度、火炮數量及口徑大小和航行速度決定的，最主要的因素還是官兵的訓練水準與士氣。

因此，沙皇艦隊沒有準備好，這實際上只是外在表現。親王的艦隊建設思想是落後於那個時代的。阿列克謝耶夫親王只關心艦隊的部署，卻對人員訓練並不感興趣，即便有也只是希望下屬在情緒和行為上無條件、無異議地服從於他。

於是，當一九〇四年初俄日之間謀劃已久的戰爭爆發時，艦隊領導層的情緒與行為和他如出一轍。

§

一九〇四年二月六日，一直想出一口惡氣的日本人決定與俄國斷絕外交關係，緊接著宣戰。

這次指揮日本海軍的人叫東鄉平八郎，他已是海軍大將（日本沒有上將軍銜）。在宣戰的前一天夜裡，他冒險進攻，並成功重創了毫無防備地停泊在旅順港中的大型俄國戰列艦「皇太子」號（Tsesarevich）、「列特維贊」號（Retvizan）以及巡洋艦「智神」號（Pallada），並使其喪失戰鬥力達數月之久。

按理說，這種不宣而戰的做法應當給了俄國人嚴重警告，接下來，俄軍艦隊應該積極行動，取得旅順港周邊海域制海權，以抵禦日軍地面部隊的登陸威脅。但俄國人的表現實在讓人感到失望。根據俄國海軍大尉弗拉基米爾・謝苗諾夫（Vladimir Semenov）的日記，他這樣寫道：「不准冒險是他們（旅順港的指揮官們）當時堅持的教條……戰爭期間我不知對這個教條進行過多少次冷嘲熱諷。後來，我們還是被迫冒險了。但是，這期間我們遭遇了一系列失敗，白白浪費了大量軍力，將我們這些官兵起初的熱情消耗殆盡。奉天（瀋陽）陸戰和對馬海戰的失利就是這一教條造成的惡果……」。[3]

3 相關內容可參閱橫手慎二《日俄戰爭：20世紀第一場大國間戰爭》。

直到戰事爆發一個月後，俄國海軍的熱情才開始爆發。也就是在這個時間點上，俄國海軍中將斯捷潘．奧西波維奇．馬卡洛夫抵達了旅順港。作為太平洋艦隊新任司令官，他感受到事態的嚴重性，剛一上任就爭分奪秒彌補此前的過錯，同時鼓起艦隊官兵已被摧毀的鬥志，而他的指示也讓在阿列克謝耶夫獨裁管理下失去信心的軍官們振奮不已。他曾這樣說道：「不要害怕錯誤和失敗！每個人都會犯錯——不作為沒有任何功效，即便對一項工作合理與否提出有根據的懷疑也可能是一種不作為……收起你所有的知識、經驗和倡議，去做你所能做到的一切。我們尚未完成的仍然沒有完成，但所有能做到的，必須盡一切可能做到。」[4]

可是，斯捷潘．奧西波維奇．馬卡洛夫還是流露出了惋惜的心理，他說：「現在開始系統訓練已經太晚了……」如此矛盾的心理，似乎繼續預示了不好的結局。果然，一個月後俄國人就遭遇厄運。一九〇四年四月十三日，馬卡洛夫在指揮艦隊實施果斷出擊時，乘坐的旗艦「彼得羅巴甫洛夫斯克」號（Petropavlovsk）不幸觸雷，水雷正好在前主炮水線下方爆炸，引爆了彈藥庫。這艘鋼鐵巨艦在兩分鐘之內就沉

4 相關內容可參閱橫手慎二《日俄戰爭：20世紀第一場大國間戰爭》。

沒於波濤之中，僅有七名軍官和七十三名水兵獲救。值得注意的是，同「彼得羅巴甫洛夫斯克」號一起沉沒的有六百名水兵與三十一名軍官，其中就有這位艦隊司令。一艘現代化戰列艦的損失固然十分嚴重，但馬卡洛夫的死比這還要嚴重得多，因為他是真正獨一無二的將領。雖然他未能力挽狂瀾，但不是他的錯，只是時機未能允許他罷了。

隨後，代理艦隊司令職位的是俄國海軍少將威廉·卡爾洛維奇·維特格夫特（Wilhelm Karlovich Vitgeft），他來自波羅的海艦隊，以勤奮、勇敢著稱。可是，這些特質並不能給這支艦隊帶來什麼實質性的改變。最重要的一點，他不是一位有遠見的艦隊司令，也不是一位有影響力的將領。對此，我們可以從他與軍官們的首次會談中的一番話得到證實。他說：「先生們，我希望你們用建議和行動幫助我，我不是一名艦隊指揮官。」作為艦隊司令，說出這樣的話讓人大跌眼鏡。

於是，這支表面看起來堅不可摧的艦隊，在日俄關係動盪、緊張的局勢下幾乎毫無作為。一九〇四年五月六日，日軍在旅順港東北幾千米處登陸遼東半島，歷經苦戰後完成了對整個要塞的包圍。

俄國人中再次出現讓人大跌眼鏡的事，論及要塞被包圍的責任，他們說要是「總督阿列克謝耶夫奉命溜到符拉迪沃斯托克的話，包圍也不會發生」。而且，這位總督還命令所有高級軍官「小心行事，不許冒險」。

五月十五日，對連續遭受厄運的俄國人來說是一個轉運的好機會。那一天，日軍戰列艦「初瀨」號和「八島」號在旅順港附近觸雷沉沒。維特格夫特少將當時應該立刻下令讓艦隊出動攻擊日本艦隊，那時，日本艦隊正陷入混亂之中。然而，這位艦隊司令猶豫不決，白白錯失了絕佳的機會。直到六月二三日，他才嘗試了一次敷衍了事的攻擊，可惜依然表現得猶豫不決。

如果說錯失了上述機會還不算特別糟糕的話，維特格夫特至少應該儘早想辦法讓艦隊突圍。可是到了八月十日，差不多兩個月後他才命令艦隊準備突破封鎖，前往尚算安全的符拉迪沃斯托克。這一次，這位艦隊司令不但讓艦隊遭遇慘重損失，還搭上了自己的性命。戰列艦「皇太子」號、兩艘重巡洋艦和一艘輕巡洋艦中彈無數，不得不駛往中立港口，並在那裡被解除武裝；剩餘的戰艦也大多嚴重受創，逃回了旅順港。總之，這支「強大的」太平洋艦隊已不復存在了。

仍不甘心失敗的俄國人於一九〇四年春天開始計畫在波羅的海組建一支戰鬥力強大的第二艦隊，並派往遠東，但等待這支艦隊的命運和之前那支沒有什麼區別。

要想在短時間內組建一支完整的、成規模的、有戰鬥力的艦隊困難巨大。這一點，不僅沙皇尼古拉二世明白，他的顧問們也心知肚明。但是，這支艦隊還是初步形成了，至於經驗可以用「毫無」二字來形容。不過，這支艦隊非常大膽，在沒有海外基地為其提供煤和補給的情況下環遊半個地球。另外，俄國人很有可能沒有考慮到來自英國人的阻礙。儘管英國在形式上保持中立，但並不能說明它沒有提防俄國的殖民野心，而且，英日結盟的可能性是非常大對——事實上，英日的確結為同盟了，英國盡可能地給日本提供了支援。

雖然有那麼多的困境包圍著俄國人，但鑒於旅順方面傳來的噩耗，再加上相關媒體的報導，也使國內公眾輿論認為：一定要讓世界看到俄國人的強大國力，而這次艦隊遠航行動就是最好的展示。很快，派遣第二太平洋艦隊的決議被確立了。狂傲的俄國人卻忽略了媒體的大肆報導會引起日本人的高度警惕，況且俄國媒體的報導還洩露了這一決議的所有細節，這無疑讓日本人有了更加明確的應對方案。

一九〇四年夏秋季，俄國喀琅施塔得（Kronstadt）和利巴瓦（Libava，今拉脫維亞利耶帕亞）的造船廠異常忙碌，這兩家造船廠火急火燎地要完成四艘配有最新軍事技術裝備的戰列艦，它們分別是「蘇沃洛夫公爵」號（Knyaz Suvorov）、「亞歷山大三世」號（Imperator Aleksandr Ⅲ）、「博羅季諾」號（Borodino）和「鷹」號（Orel），博羅季諾級戰列艦的標準排水量為一萬三千五百一十六噸，炮塔最大裝甲厚度為二五〇毫米，裝備四門三〇五毫米口徑主炮（兩座雙聯裝炮塔）、十二門一五二毫米口徑副炮（六座雙聯裝炮塔）、七十五毫米口徑和四十七毫米口徑速射炮各二十門，還有十挺機槍和四具魚雷發射管。使用新型號的蒸汽機，理論航速追平了當時英、美的最新型戰列艦。

當然，一支完整的艦隊不可能只有以上四艘戰艦，其他戰艦是透過改造老式戰艦的方式得以建成，艦隊中還包括醫護船、補給船和修理船。

這就是俄國人的艦隊構架，並在倉促的時間內得到實現。

02
問題嚴重

一九〇四年五月五日，沙皇任命當時五十五歲的海軍中將濟諾維・彼得羅維奇・羅熱斯特文斯基（Zinovy Petrovich Rozhestvensky）擔任艦隊司令。事實上，沙皇找不到更理想的人選了。羅熱斯特文斯基在一八七七年俄土戰爭中表現卓越，他還是著名的火炮專家。

即便有如此優秀的指揮官，要想解決之前存在的嚴重問題依然十分棘手。羅熱斯特文斯基要在短期內讓這支艦隊具備戰鬥力，因為它面對的是訓練有素、身經百戰、團結一致的日本聯合艦隊，並且他是在補給困難的條件下率領這支艦隊來到戰場的。具體來說，第二太平洋艦隊的水兵都是倉促召集的，缺少聯合演練。訓練有素的軍官、維護複雜戰艦設備的工程師同樣缺少，一旦艦船受損，則無法快速完成修復工作。很快，這樣的尷尬就出現了，單是技術設備的定期維修就讓俄國人苦不堪言。當然，連鎖反應是，建造或翻修戰艦時工程師們只能因陋就簡。

除了工期短的原因，還有俄國海軍當局的腐敗和拖遝，譬如造船所需的精鋼品質低下，那些負責運輸設備物資的人員在交付物資後就消失得無影無蹤。這是非常可怕的——人員儲備、火炮交付、口徑大小、庫存材料以及各項資料的管理如此馬虎，以至於羅熱斯特文斯基不得不親自挨個檢驗。可憐這位認真負責的艦隊司令，因為揭露出聖彼德堡官僚的種種弊端，讓他樹敵頗多。不久，破壞和阻礙他一心重振艦隊的活動與腐敗就如約而至了。

更讓羅熱斯特文斯基擔憂的事情發生了。由於日俄戰爭爆發後俄軍屢現敗績，這就激起了國內民眾的反對情緒。沙皇及其上層貴族本希望透過這場戰爭的勝利來緩解民眾的反對情緒，最好是能讓民眾完全團結一致，共同對日。但在現實中，這樣美好的想法全都被腐敗無能的官僚制度活生生地摧毀了。

因此，第二太平洋艦隊的完工就這樣一拖再拖，而遙遠的旅順口的局勢則變得越來越險惡。本來這支艦隊在夏天的時候就應該出發的，然而，九月過去了，直到十月，這支艦隊才做好了所謂的出發戰鬥準備。十月十二日，沙皇與皇后視察了準備啟程的艦隊，並舉行了盛大的宴會。

宴會上，「亞歷山大三世」號的艦長尼古拉．米哈伊洛維奇．布赫沃斯托夫（Nikolai Mikhailovich Bukhvostov）卻莫名地發表了長篇大論，但這番話語中我們看不到勝利的決心。他激動地說：「您祝願我們所有人旅途愉快，並且相信我們將與勇敢的水兵們一起打敗日本人。對您的好意我們感謝，但它只告訴我們，您不知道我們為什麼出海，可是我們知道。我們還知道，俄國不是一個海上強國，為造艦花費的國家資金完全是無用的浪費。您祝願我們取得勝利，但勝利將不會出現。我擔心我們恐怕在中途就會損失一半艦艇。好吧，即便這件事沒有發生，我們到達了目的地。然後，東鄉（指東鄉平八郎）也能輕易地摧毀我們。因為他的艦隊比我們更出色，日本人是真正的水手。不過我可以保證一件事——我們知道怎麼樣死去，我們決不會投降！」

從這位能幹的戰艦指揮官嘴裡說出來的竟是生死留言一般的話，如果沙皇能當機立斷，下令停止這場戰爭，第二太平洋艦隊的命運就不是走向覆滅了。

在惴惴不安中，羅熱斯特文斯基率領的艦隊終於抵達黃海。在艦隊工程師波利特科夫斯基（Politkovski，在對馬海戰中陣亡）寫給妻子的信中，他這樣說道：「途中出現的問題、壞運氣和故障在以往的戰爭史上還未出現過。」

波利特科夫斯基所言屬實嗎？恐怕只是安慰妻子的話。根據史料顯示，在對馬海戰中陣亡的艦隊工程師波利特科夫斯基曾給妻子寫信，並在信中不停地抱怨維修戰艦損傷時的情緒，由此可見這位俄國人是在憂心忡忡中進行工作的，我們也可據此聯想到整個艦隊存在的諸多心理問題了。

真相是：在艦隊啟程後幾天，即一九〇四年十月二十一日深夜至二十二日凌晨，第二太平洋艦隊在穿越北海經過多格爾沙洲（Dogger Bank）時誤將英國漁船當成日本魚雷艇，並向其開火，造成漁船沉沒和兩名漁民死亡。消息不脛而走，很快在英國激起了憤怒的浪潮，迫於各種壓力，俄國政府不得不支付高達六．六萬英鎊的巨額賠償。

這就是引起歐洲尤其是英國強烈反響的「多格爾沙洲事件」，英方稱之為「赫爾（Hull）事件」。

憤怒的英國人和媒體將這支艦隊稱作「瘋狗艦隊」，並要求俄國人賠償所造成的損失，還毫不掩飾地要求戰爭。英國《旗幟報》更是毫不掩飾、毫不客氣地進行嚴厲指責：「指揮官不稱職、徵召的士兵毫無海戰經驗、導航員莽撞笨拙、工程師無能——允許這樣一支波羅的海艦隊繼續執行任務嗎？」隨後，英國海軍中將亞瑟．威爾遜率領由八艘戰列艦和四艘重巡洋艦組成的本土艦隊出海，另外八艘戰列艦組成的預備艦隊也處於警戒狀態。

隨後，一個由海軍軍官組成的國際委員會也在巴黎會面，討論事件調查問題。一九〇五年二月二十五日，該委員會最終明確表態：「考慮到戰爭狀態，尤其是目前局勢，完全有理由認為艦隊指揮官處於極度不安的狀態，因此大部分委員會成員都認為該命令是適宜的。」這就是說，羅熱斯特文斯基下達的開火命令並不是純粹誤判導致，當時確實有日本水兵操控的魚雷艇在北海活動。出於安全考慮，最終選擇了開火。

根據艦長謝苗諾夫的總結和分析，他認為：「日本艦艇出現在北海的可能性極低——它們來自哪裡？又待在哪裡？可是，為什麼俄軍各艦警衛人員獨立做出的報告與描述中，連觀察到的船身細節介紹都完全一致呢？如果它們是假的，那只能表明各艦人員同時出現了幻覺。對於後續事件來說，多格爾沙洲事件本身並不重要，它對國際輿論造成的影響才更有意義。」

俄國警衛艦在一九〇四年十月二十一日—二十二日對船隻的識別結果究竟如何？這一點始終沒有弄清楚，恐怕永遠也弄不清楚。但多格爾沙洲事件給羅熱斯特文斯基艦隊造成的影響卻再清楚不過了。面對來自歐洲的巨大壓力，包括輿論、道德和軍事方面的，俄國政府不得不支付巨額賠償。更嚴重的是，俄國政府不加抗辯地屈從於英國人的要求也導致其公眾形象大打折扣，隨之而來的惡果就是，就連先前對俄國保持中立態度的法國也開始嚴格限制第二太平洋艦隊在其殖民地港口獲取補給和煤炭了。

法國的這種態度變化也讓第二太平洋艦隊吃盡了苦頭：自開始環繞非洲海岸航行後，俄國人就被迫籌措海上航行不可或缺的煤炭補給。不得已，羅熱斯特文斯基只能把艦船分成兩個編隊：一個編隊由老式戰列艦和一部分巡洋艦組成，由海軍少將德米特里．古斯塔沃維奇．馮．費奧爾克扎姆（Dmitry Gustavovich von Fölkersahm）率領，取道蘇伊士運河航行；另一個編隊由羅熱斯特文斯基率領，繞過好望角，走較遠的航路。這樣的安排是為了避開日本小型艦隊在印度洋甚至在紅海發動的襲擊。他讓俄國最先進的戰艦繞過非洲最南端航行，遭遇日軍襲擊的風險就會很小，因為沒有哪支實力不足的小型艦隊會選擇「雞蛋碰石頭」。

這一考慮奏效了。兩支編隊歷盡千辛萬苦，一路上多次被子虛烏有的「日本魚雷艇」所驚嚇，終於一九〇五年一月初在馬達加斯加島附近會師。可是，由於耗時太多，旅順攻防戰最終以一九〇五年一月二日要塞守軍投降而宣布結束。對這支艦隊來說，這絕對是一個噩耗。費盡千辛萬苦走到中途，未起到絲毫效果——羅熱斯特文斯基長途遠征的戰略意義基本喪失。因為，第二太平洋艦隊的任務是突入那座東亞的港口要塞，與之前的艦隊（第一太平洋艦隊）會合，如果能擊敗日本人的艦隊，就能重新奪回黃海的制海權，緊接著切斷日本陸軍的海上補給線。

這一切在旅順港陷落後都無從談起了。

更可怕的是，俄國國內爆發了「星期日慘案」（一九〇五年一月聖彼德堡屠殺數千請願工人事件），如果沙皇、聖彼德堡的政治家們能下令第二太平洋艦隊停止作戰，這支艦隊的命運絕對不會是死亡之旅。

§

出人意料的是，俄國政府反而決定繼續這場毫無意義的遠征，甚至還決定派出第三太平洋艦隊第三分艦隊。俄方新聞解釋說，派遣這支增援部隊是出於國家需要。一九〇五年一月，第二太平洋艦隊第三分艦隊的戰艦從利巴瓦啟程出海，期待儘快與羅熱斯特文斯基率領的艦隊主力會合。

然而，這是需要時間的。俄國方面採取了和之前如出一轍的行動，依然是倉促改造舊船、退役艦……組裝完成後倉促出發。第三分艦隊的司令是尼古拉·伊萬諾維奇·涅博加托夫（Nikolay Ivanovich Nebogatov）海軍少將，他率領的是一支被水兵們冠以若干綽號的艦隊，比如「浮動的古董陳列館」、「自動沉沒機」、「自溺者」。可笑的是，聖彼德堡的戰略家、政客以及一些新聞人竟然聲稱「完善的技術與現代化裝備並不重要」，「只要它們有機會航行，並且作戰能派上用場，就不用考慮這些缺陷！趕緊把能派出去的都派出去！一分鐘都別浪費！」

事實上，涅博加托夫的艦隊根本就不是增援，而是負擔、累贅，徹底摧毀了羅熱斯特文斯基艦隊本就十分渺茫的勝利希望。不久，羅熱斯特文斯基病倒了。他給沙皇打電報要求罷免自己的艦隊司令一職，沙皇在回覆中拒絕了他。

無奈與沮喪的羅熱斯特文斯基只能默默地接受悲劇的命運。但他一如既往地要求艦隊進行訓練，他嚴厲說道：「為什麼不進行射擊訓練？」屬下回答：「長官，我們缺乏彈藥，缺乏……我們什麼都缺……」。

在馬達加斯加海岸長期停泊期間，羅熱斯特文斯基依然要求艦隊進行演習。而一份演習評述報告卻暴露了艦隊的致命問題。這份報告寫道：「專為防禦魚雷艇設計的四十七毫米炮的射擊結果讓人羞於啟齒……整個艦隊射擊了一天，無一命中魚雷艇模擬靶，儘管它們相比日本魚雷艇要好打得多——模擬靶是不能動的。」

因多格爾沙洲事件被停職的艦長謝苗諾夫在停泊期間組織的魚雷艇演習，則標誌著聖彼德堡海軍當局在艦隊裝備領域的徹底失職。他發現艦隊的演習竟然如此兒戲。他給艦隊下達了命令，讓他們利用魚雷艇搜索信號。當謝苗諾夫升起排成縱列的信號時，那些魚雷艇卻向四面八方散開。謝苗諾夫目瞪口呆：「這……這是怎麼回事？」

原來，魚雷艇艇長們按照舊的手冊，將謝苗諾夫升起排成縱列的信號識別為「搜索海岸」。面對這樣的錯誤，他們的回答竟是「小事一樁」。謝苗諾夫若徹底無語了，只能若有所思：「也許吧，但是很典型。」

直到一九〇五年三月十二日，羅熱斯特文斯基的第二太平洋艦隊仍在馬達加斯加海岸等待第三分艦隊的到來。這時，又一個不好的消息傳來——在奉天會戰中，亞歷克塞．尼古拉耶維奇．庫羅帕特金（Alexei Nikolayevich Kuropatkin）中將指揮的俄國滿洲軍團被日軍擊敗，俄軍全線潰退。

一九〇五年三月十六日，羅熱斯特文斯基不再等待第三分艦隊，率領艦隊開始穿越印度洋，於四月五日接近麻六甲海峽，四月八日抵達新加坡，最後進入中國南海。不久後，艦隊抵達今屬越南的金蘭灣，在這裡最後一次加煤，並等待即將到來的涅博加托夫的分艦隊。

這時，羅熱斯特文斯基再次向聖彼德堡請示：在日本艦隊阻截下突入符拉迪沃斯托克的任務是無法完成的。聖彼德堡的回覆是「繼續執行原計劃」。

羅熱斯特文斯基更加絕望，他甚至極度憤怒，又毫無辦法。

五月初，尼古拉．伊萬諾維奇．涅博加托夫的分艦隊終於到來，與主力艦隊會合。開戰前，涅博加托夫的分艦隊與主力進行了戰前演習。毫無懸念，演習現場一團糟，兩支艦隊根本無法做到有效配合，所有編隊隊形中只剩下一個場面——混亂地擠成一堆。

五月十八日，俄國第二太平洋艦隊抵達了隔開朝鮮和日本的對馬海峽南部，而東鄉平八郎的艦隊正在此等候。

一場大海戰即將打響。

03
勝利抑或失敗

俄國艦隊的對手是東鄉平八郎率領的日本艦隊。東鄉平八郎在日本軍界赫赫有名，按照日方的說法，他對軍艦的建造和駕駛等海軍全部業務無所不精，是傑出的高級專家。為他保駕護航的是他的作戰參謀秋山真之中佐，此人是著名的「海權論」提出者艾爾弗雷德．馬漢的親傳弟子。

俄國人的艦隊，或者稱之為沙皇艦隊，僅從光禿禿的名字上與東鄉平八郎率領的聯合艦隊相比沒有什麼明顯差異。但是從另一些層面來講，沙皇艦隊就相形見絀了。

其一，日方多是訓練多年、身經百戰的艦員，且指揮層滿懷勝利信心、相互配合出色；

其二，儘管在之前演習中消耗掉一半多的炮彈，日方彈藥儲備量仍然遠高於俄軍的彈藥儲備；

其三，根據謝苗諾夫針對對馬海戰的論述，與俄軍使用的鑄鐵彈不同，日軍使用的軋鋼彈爆炸後碎片更多，相應地提升了殺傷效果。日軍炮彈彈頭填充的火藥也並非俄國人使用的棉火藥，而是爆炸時產生高溫的下瀨火藥，這使得日軍炮彈的威力總體上約為俄軍炮彈的十二倍。

值得細說的是，日方使用的是工程師下瀨雅允於一八九一年配製成功的以苦味酸為主要成分的烈性炸藥。苦味酸是一種黃顏色的炸藥（爆炸後與黑火藥產生的白煙不同，它產生的是黃煙，能起到模糊敵方視線的作用。當然，這種作用也是相互的，並受風向的影響），一旦與金屬發生接觸就會產生性態極為敏感、易炸的苦味酸鹽。因此，如何將這種靈敏度極高的炸藥用於實戰，是下瀨雅允最需要攻克的技術難點。為此，他甚至付出了差點炸斷自己手腕的代價。最後他找到了一種方法：在彈頭的內壁塗刷上厚漆以便形成一道漆面隔離層，再用浸過蠟水的絲綢包盛入爆裂藥，這樣就可以在苦味酸與金屬彈體直接接觸的地方形成薄薄的隔離層，在彈殼裡的敏感度就降低了。在實戰中，下瀨火藥炮彈即便命中了細小的目標都會引發爆炸，並產生中心溫度高達上千度的火焰，形成一道道火浪，即使在水中也能持續燃燒一段時間，彷彿就是近代版的「希臘火」。

下瀨火藥可怕的破壞力，不僅在對馬海戰中讓俄國人吃盡了苦頭，之前甲午戰爭中的北洋水師同樣深受其害。有人甚至認為，日本能在甲午戰爭、日俄戰爭中獲勝，離不開下瀨雅允發明的下瀨火藥炮彈。

許多俄國人對這場海戰不抱什麼勝利的希望，但實際上沙皇艦隊還是有最後一線希望的。一九〇五年五月二十六日至二十七日夜間，對馬海峽被一片濃霧籠罩，視線被鎖定在小小的範圍內，這是絕佳的撤離機會。就在俄方旗艦「蘇沃洛夫公爵」號艦長瓦西里・瓦西列維奇・伊格納齊烏斯（Vasily Vasilevich Ignatsius）上校認為借助濃霧已經避開日本人的時候（他本人還下注二十萬盧布，賭己方艦隊已經避開了日本人。此事讓人唏噓，在這緊急關頭還有心情下注賭博），即五月二十七日凌晨，日本商船改裝的輔助巡洋艦「信濃丸」號上的警戒人員發現了俄國醫護船「奧廖爾」號（Oryol）的燈光。「信濃丸」號抵近觀察，天光放亮的時候突然發現自己正身處俄軍艦隊之中。不用再有僥倖心理了！日本船員迅速發報發現敵艦隊，經緯度和航向非常明確。

俄國人確定自己已經被日本人發現了，羅熱斯特文斯基也無意下令擊沉那艘正在狂發電文的日本輔助巡洋艦，任其跟著自己的艦隊伴隨航行，結果東鄉正是根據「信濃丸」號不斷發來的電文決定率軍直航對馬海峽。

既然跑不掉，那就只有一戰了。在不斷接到發現日軍艦船的報告後，羅熱斯特文斯基決定最後一搏，儘管在這之前發生了艦隊高級軍官死亡的事情。根據德國學者阿內爾・卡爾斯滕和奧拉夫・拉德的描述：「羅熱斯特文斯基於十時二十分左右命令組成戰鬥隊形。他的四艘先進戰列艦排在幾艘開道的輕巡洋艦之後組成第一分隊，旗艦『蘇沃洛夫公爵』號居首。其後緊跟著第二分隊的老式戰艦，名義上由因長期患病已於幾天前的一個晚上去世的海軍少將費奧爾克扎姆指揮（為了不影響士兵士氣，羅熱斯特文斯基下令封鎖副手去世的消息）。」

憂心忡忡的羅熱斯特文斯基甚至想到過自己戰死的結局，一旦戰死或重傷，艦隊的指揮權就移交給尼古拉・涅博加托夫少將。

到了中午，俄國艦隊全體成員享用了一頓午餐。這一天是五月二十七日，正好是沙皇夫婦的加冕紀念日，軍官們聚集在一起用香檳碰杯慶祝。這也算是大戰前一刻「幸福的午餐」了。然而，俄國人的歡快之聲還未散盡，刺耳的警報器就響起來了。原來，日本人的一支巡洋艦編隊出現了。

這支巡洋艦編隊離俄國艦隊很遠，一直在航線上徘徊。經驗豐富的羅熱斯特文斯基立刻警覺起來，他懷疑這些日本艦艇意欲布雷，好為主力艦隊組建防護網。於是，羅熱斯特文斯基立刻命令他的第一戰隊先轉向再調頭，以便形成等距並行，並採用「射程很遠的艦艏火炮齊射」的方式驅趕敵艦。

有學者對這樣的戰術進行了批評：「羅熱斯特文斯基中午時分做出的這個不幸的戰術動作，使他的艦隊主力出現時陷入到極為不利的局面。」因為，俄國人的艦隊必須時刻提防日本人的主力艦隊出現，這無疑分散了己方艦隊的戰鬥力。

現在看來，羅熱斯特文斯基的戰術動作表明，一旦敵方主力艦隊出現，這時己方的艦隊只能排成縱隊進行攻擊。然而，在具體操作中，其他戰艦沒有配合好——身處戰列中的第二艘戰艦「亞歷山大三世」號誤解了「蘇沃洛夫公爵」號要求一齊右轉的信號。

正是因為對「蘇沃洛夫公爵」號信號的誤解，「亞歷山大三世」號就一直跟在旗艦後面形成縱列轉向。這就導致尾隨其後的兩艘戰列艦「博羅季諾」號和「鷹」號也放棄了已經開始的一齊轉向動作，而是跟著前面的戰列艦成縱列轉向。如此一來，戰線中就出現了很大的空間，即第一分隊本來處於縱列中，現在卻成了第二路縱隊，位於第二、第三分隊組成的戰列右前方約兩千公尺。很快，羅熱斯特文斯基發現了問題——那些戰艦沒有按照自己的命令採取動作，這是非常危險的，戰艦將暴露在敵方眼前，很容易遭受到炮彈轟擊。

於是，他趕緊下令他的分隊加快速度重新回到佇列之首。可惜，這個動作才剛開始，全速前進的日本主力艦隊就在東北方向出現了。東鄉平八郎所率的第一艦隊在前（塞入了「春日」和「日進」兩艘裝甲巡洋艦湊數），上村彥之丞中將指揮的六艘新式裝甲巡洋艦在後。

此刻，時間指向十三時四十五分左右。

如果俄國人的戰艦在速度上有優勢，也能彌補之前的過錯。然而，日本人的艦隊，尤其是東鄉平八郎的艦隊速度太快了，他利用速度優勢很快就與俄國艦隊戰列並行，並在包抄過程中向敵艦實施齊射。

東鄉平八郎暫時將指揮權交給此前位於戰列末尾的「日進」號巡洋艦。他的命令是讓十二艘戰艦一齊調頭朝東航行。就在十二艘大型戰艦迎著正在接近己方射程的敵艦時，所有艦隊轉彎一百八十度。

這對掌控艦船的人員素養要求極高，日本人做到了。

根據德國學者阿內爾．卡爾斯滕和奧拉夫．拉德的描述：「進行這個戰術動作時，所有日本戰艦都只能在一個固定位置轉向，在某種程度上把自己送到了俄國人的炮口下面。同時，佇列後方戰艦的火炮射界反而被前方航行的友艦阻擋，無法實施射擊。由於日艦以最高時速航行，這一時機大約只持續了一刻鐘。」

對沙皇艦隊來說，這一刻鐘是非常關鍵的一刻鐘。如果俄艦炮手成功地抓住了這一時機，用炮彈猛轟，哪怕這樣的炮彈抵不上日本人的下瀨火藥炮彈的威力，依然會對日艦造成不小的傷害，繼而引發日艦戰列的混亂，破壞其統一作戰的部署。如果這樣的局面出現，沙皇艦隊不會失敗得慘不忍睹，至少會趁著這個當口強行突入符拉迪沃斯托克。

十四時左右，東鄉平八郎指揮日艦開始了這場具有革命性突破的轉向。如果從上方俯視此刻的場景，一定會緊張得不行，因為日本人的艦船在完成轉向後還需要花費一些時間組成戰鬥隊形。而俄艦第一分隊的「博羅季諾」號和「鷹」號的火炮射界仍然被處在它們和日艦之間的第二分隊的重型戰艦所遮擋。

如此關鍵時刻，俄國人的行動也太慢了，日本人的戰艦基本完成了戰列隊形。直到十四時五分，俄艦才開火。只聽「蘇沃洛夫公爵」號和「亞歷山大三世」號的三〇五毫米口徑重炮發出怒吼，並在不到九公里的距離擊中了敵方的「三笠」號和「敷島」號。可惜，俄國人的炮彈品質太差勁了，儘管這兩艘戰艦中彈多發，卻未被傷及筋骨。

很快，俄國人的災難降臨了。在戰爭中，日本人從不手軟。日本戰列艦開始集中向「蘇沃洛夫公爵」號和「奧斯利亞比亞」號（Oslyabya）發射炮彈。

按照謝苗諾夫的描述，戰鬥才開始二十分鐘，「蘇沃洛夫公爵」號艦長伊格納齊烏斯就向司令官建議向右舷轉向。他萬分焦急地說道：「閣下，我們必須改變航線！他們的射擊太準確了。他們就這樣折磨我們！」羅熱斯特文斯基則冷酷地答道：「請您等等！我們也在射擊！」

羅熱斯特文斯基不愧為厲害的老將，儘管他的屬下表現讓人失望，但他依然摧毀了日本戰艦「淺間」號的舵機，十四時二十七分，「淺間」號不得不退出了戰列。東鄉平八郎的旗艦「三笠」號此時也被重炮命中十發，很快又有一發炮彈在其艦橋尾部爆炸。遺憾的是，俄國人的炮彈威力實在有限。

下瀨火藥炮彈的威力果然不同凡響，給俄軍艦隊造成了極大的破壞。戰鬥開始不到一個小時，「奧斯利亞比亞」號就被重創脫離戰列。不久，「蘇沃洛夫公爵」號的舵機被日本人摧毀，駕駛台被摧毀，指揮系統癱瘓，喪失戰鬥力。一個小時後，「奧斯利亞比亞」號沉沒，「蘇沃洛夫公爵」號無法操控，「亞歷山大三世」號、「博羅季諾」號和「鷹」號的測距儀、信號裝置、火控裝置等被毀，根本無法進行任何有效反擊。

儘管如此，俄國戰列艦仍然戰鬥到最後一刻，直至沉沒。

在二十七日入夜以後，日軍的魚雷艇圍了上來，對受創的俄國戰艦展開了圍獵。當晚七點過後，俄軍三條戰列艦在十五分鐘內全部沉入大海：「蘇沃洛夫公爵」號被三條魚雷擊沉；幾乎與此同時，「亞歷山大三世」號中彈翻沉，所有成員無一倖存；而「博羅季諾」號因主彈藥庫殉爆步其後塵。

收尾戰鬥仍在進行，俄國人的戰艦幾乎都遭受到毀滅性的打擊。鑒於戰鬥完全無望，尼古拉．涅博加托夫於次日選擇了投降。

戰鬥至此，日本僅損失三艘魚雷艇，一百一十六人死亡，五百七十七人受傷；沙皇艦隊於一九〇五年五月二十八日當晚不復存在。

東鄉平八郎也因在對馬海戰中的出色指揮，成為更加赫赫有名的海軍將領。不久，東鄉平八郎探望了受重傷躺在病床上的羅熱斯特文斯基。面對對手，他表現出了極大的道德層面上的關懷，並向羅熱斯特文斯基致以崇高敬意。他這樣說道：「勝敗乃兵家常事。沒有人需要為此感到羞愧。不，重要的只是，我們是否已盡到了自己的責任。在戰鬥持續的兩天中，您和您手下的表現令人敬佩。」

羅熱斯特文斯基聽後，向他表示感謝，說了一句「我完全沒有因為被您打敗而感到羞愧」的話。

這場有意思的對話將成為一種記憶，而等待羅熱斯特文斯基的將是一場別有意思的審判。

§

對馬海戰結束後，聖彼德堡方面急需找到一位「替罪羊」，而羅熱斯特文斯基極有可能就是這只「替罪羊」。不過，這場戰後的審判很快就演變成鬧劇。因為，罪魁禍首不在羅熱斯特文斯基身上，而在俄國海軍體制上。

德國學者阿爾弗雷德·施勝策爾這樣評價道：「羅熱斯特文斯基完成了任務，把所有戰艦與運輸船完好無損地帶到了戰場。在這樣的物質和人力條件下，這的確是個壯舉。要負責任的是整個俄國海軍體制，它已經無可救藥了。」

如前文所說，這場審判最終成為鬧劇。上層的貴族們為了掩蓋自己的疏忽與失職，考慮到羅熱斯特文斯基將軍在率領艦隊前往遠東的路途中以及在海戰中的表現，最後以「怠忽職守」的罪名撤了其職。

顯然，這是非常荒謬的，也是前後矛盾的。

隨後，聖彼德堡的權貴們品嘗到了「苦果」。它和整個日俄戰爭一樣加速了沙皇俄國統治合法性的不斷喪失，而對馬海戰也引發了一場無法撲滅的革命。一九一七年十月，在對馬海戰中倖免於難的巡洋艦「阿芙樂爾」號（Aurora）上發出了革命的信號，俄國「十月革命」爆發。

對日本而言，對馬海戰的勝利未必就是純粹的好事。英日兩國簽訂了《英日同盟條約》，一個歐洲大國（俄國）被一個非歐洲國家完虐，對於這個學生，英國自是滿意的[5]。不過，在滿意的同時英國也感到了危機：日本人學習到了用過人的航海技

5 關於日本人向英國人學習的內容可參閱熊顯華《海權簡史：海權與大國興衰》第二章。

能和在英國造船廠建造的戰艦打敗了俄國人，有一天，這個聰明的學生會不會打敗老師呢？

所以，一方面，倫敦的政治家們對俄國的擴張企圖被打擊表示滿意。另一方面日本人在遠東的勢力壯大將對英國的商業利益產生威脅，為了扼殺日本人的勢力，考慮到日本人因這場戰爭導致財政枯竭，英國不再對日本提供後續貸款，並期望以這樣的方式使日本與俄國保持均勢的局面。

對此，我們可以從一九〇五年九月五日《樸資茅斯和約》的簽訂內容中得到印證。條約規定中並沒有體現出作為完全勝利方所擁有的「果實」。而日本人也看出其中的端倪來了，為了彌補戰果，日本強迫清政府承認《樸資茅斯和約》中有關中國的各項規定。

從長遠來看，英國人對待日本人的策略刺激了日本面對歐洲殖民列強，擴大自身實力的決心。在這樣的決心下，日本愈加狂妄，其勢力擴大到太平洋地區，並以一九四一年偷襲珍珠港和一九四五年的廣島和長崎的原子彈轟炸而告終。從這個角度來講，日本人在對馬海戰的勝利反而是日後敗亡的開始。

誰勝誰負，並不簡單。

Chapter V

以損失論成敗

日德蘭海戰

（西元 1916 年）

……總之，日德蘭海戰的關鍵不在於取得成功，而在於不容失敗——奪得勝利的桂冠固然可喜，但海上的失敗則無異於輸掉整場戰爭。

——安格斯・康斯塔姆的《日德蘭勝敗攸關12小時》

01

風險艦隊

不少歐洲國家都是從海洋走向世界的，然而德國在一八七一年帝國建立之初並沒有建立一支艦隊的想法，這主要是地緣因素和國內經濟導致的。

當時，俾斯麥認為德國經濟富足，他的精力應該放在維護歐洲列強保持均勢方面，這一點似乎與英國是大相徑庭的。帝國建立之初的德國高層不重視殖民地和強權政策，但並不等於德國沒有這樣的意識，俾斯麥的批評者馬克斯·韋伯（Max Weber）在戰後盡力改變這一現狀。韋伯才思敏捷，富有眼界，他在弗賴堡（Freiburg）[1]的就職演說中表達了他的思考：「國家的統一本是一個民族最好在其青年時代所達成的任務，但在我們德國則是在民族的晚年才完成。如果德國的統一不是為了開始捲入世界政治，反倒是為了不再捲入世界政治，那麼當年花這麼大的代價爭取這種統一也就是

1 德國西南邊陲的一座城市，是德國文化的基因之一，因為它是德國最古老的城市之一。

完全不值得的了。」

這樣的思考獲得了大多數同胞的認可和贊同。為了更好的願景，中歐的陸上大國德國有必要成為海上強國。「毫無疑問，內政原因發揮了突出作用。在一八六六年普奧戰爭和一八七〇－一八七一年普法戰爭大獲全勝、統一帝國之後，普魯士陸軍享有巨大的聲譽。這也使得由舊式貴族精英組成的軍官團得以在經濟地位下降的同時繼續維持政治地位及對軍中的掌控作用。但是，陸軍高級軍職幾乎全被壟斷以及軍隊在社會上的聲名顯赫自然使有能力的平民精英感沮喪。因而，建設一支強大海軍的計畫也立刻令他們歡欣鼓舞」。[2]

貴族們向來對爭霸海洋不感興趣，海軍反而為有志上進的普通人提供了競逐舞臺，透過在海軍服役以獲取社會聲望的吸引力反而大大提高。這些都為德國建設一支現代化的海軍埋下了伏筆，只等更好的時機出現。

在維多利亞時代，德國的統一對歐洲均勢是有影響的。雖然，那時英國長期將俄國看作是最大的威脅，但德國的迅速崛起，讓大不列顛帝國感到不安。

2 相關內容可參閱熊顯華的《海權簡史：海權與大國興衰》；勞倫斯．桑德豪斯的《德國海軍的崛起：走向海上霸權》。

當英國的海上力量在向東方航線拓展時，俄國也沒有閒著。強悍無比的哥薩克騎兵以所向披靡的勢頭橫掃東面障礙。這兩個強國都在向東方進發，在那裡，有著他們誘人的利益存在。譬如中國，英國以海權力量為「武器」打開了中國的國門，俄國以陸權力量在遠東與中國展開較量。

英國與俄國向東的擴張模式，為艾爾弗雷德．馬漢與哈爾福德．約翰．麥金德（Halford John MacKinder）這樣的戰略家的理論提供了海陸相博弈的碰撞歷史。前者其實也曾看出，俄國這樣的地理位置要想透過海權力量的形式去控制中亞地區以及蒙古東部是行不通的，這樣的「中心地帶」讓俄國難以用海權去觸及。俄國若想稱霸世界，比較好的路線是經由海洋出發，在東部可以抵達中國的海岸線，在西部經波斯抵達波斯灣，或者經黑海，也可以經小亞細亞抵達地中海。

也就是說，俄國透過沿大陸兩翼（倘若成功的話）航行就可以獲得不凍港，然後伺機拓展海域。

其實，在海權與陸權的問題上，兩者接觸的地方會形成一種互補關係。一方面，陸地會給海洋造成重要影響，而海權是為了保障航道的通暢。因此，必須控制沿岸，獲得優良的港口以及能扼守航道的基地。海權較之陸權的優勢在於後者的靈活性，對於拓展海外貿易具有更大的空間。

至於陸權，麥金德認為古時候馬匹、駱駝可以與海權的靈活性相比，當然，現在的空運、鐵路運輸也可比，但綜合考慮，海運更占據優勢一些。「樞紐地區」的世界劃分，在他看來可以分為兩個——

其一，內部或邊緣新月形地區；

其二，外部或島狀的新月形地區。

這或許是歐亞大陸國家的現狀，或者說是據此展開的一種適合本國崛起的戰略。以陸權為主的國家，以人口和生產力都強盛的優勢，憑藉廣袤的地域剝奪海權國家的基地，使海權國家的水域成為內海，將它們死鎖死住，從而在合適的時候一舉進發，最終獲得勝利，像馬其頓人之於希臘與腓尼基人，羅馬人之於地中海各海權國家。正如馬漢在《海權論》中所說：「我們可以大談船隻的機動性，艦隊之便於遠征，但是，歸根到底，海上強國基本上取決於適當的基地，物產豐富而又安全的基地。」

關於這一點，以大不列顛帝國來分析就再適合不過了。英國的海權遍及全世界，但它真正的基地卻不在海洋，而是在英格蘭平原。那裡土地肥沃且與世隔絕，從平原邊緣發掘出來的煤與鐵，為英國提供了大量的財富支撐，這才是與荷蘭、法國等國家競爭中獲勝的關鍵。不過，也許那時候的英國並不明白，只是認為海上強國在與陸上強國交鋒時，是憑藉優良的港口與航線取得了最後的勝利。然而，假如沒有強大的陸權資源支撐，像日本這樣的國家，或許是個有意思的例子。

因此，陸權與海權的交鋒，其實應該看作為一種互補關係。以單純的或者偏愛某一方的態度去面對是缺乏理性的。阿拉伯帝國的失敗就在於遊牧民族的人力匱乏，所以在勇猛的哥薩克騎兵不斷征服的過程中，他們也不得不將征服的地區作為後盾，再繼續前進。而俄羅斯帝國的勢力蒸蒸日上，恰好是利用了這一點。對於從海權出發，如果不想被封鎖的話，那就必須打破它，必須占據波羅的海、黑海，甚至更多。

對於那時德國這樣正在崛起的國家，麥金德曾這樣說道：「他決定不把日爾曼的統一建築在法蘭克福和西方理想主義上，二是建築在柏林和東歐的組織上……他要一個在普魯士控制下的團結一致的東歐，卻要一個四分五裂的西歐。」德國以歐亞大陸作為海權基地，這使它成為世界帝國有了更多的可能性，誰控制了東歐誰就能以此作為基地，繼而拓展到全世界。[3]

按照馬漢的觀點，譬如說，法國在路易十四的統治下，法國不惜犧牲其殖民地與商務來推行一種錯誤的大陸擴張政策。正是因為這樣的策略錯誤，導致了它在海上

3　相關內容可參閱勞倫斯．桑德豪斯的《德國海軍的崛起：走向海上霸權》。

的力量被差異懸殊的優勢力量摧毀，隨後重大的災難接踵而來，商業運輸被消除殆盡。英國與荷蘭的力量在這個時候越來越強，這兩個國家因為「商務的天性、追求利潤時的勇敢進取心以及對成功機會的敏銳感知」而打破了純陸地策略的禁錮，它們也由此在世界海洋的權益攫取中受益匪淺。

而德國呢？它的發展是否也是走一條英、荷之路？或者說，德國的未來是橫掃全世界的廣袤海洋還是安心朝歐洲陸地強國的方向不懈努力？

其實，德國在一定時期裡，並不是一個十分重視海上力量的國家。這主要是因其地理位置為陸上強國所環伺，使得德國很長時間裡將陸權建設放在重要位置。在統一之前，德國的海岸線分別屬於不同的邦，這就導致海岸線處於分散的尷尬境地，這也使得要在這些海岸線、港口建立一支強大的海軍困難重重。因此，唯有統一，才有可能建立德國的大海軍。

海外貿易和殖民地利益的擴大，讓德國擴建海軍的訴求有了滋生的土壤。然而，正當德國有了構建海軍的意願，並試圖使之強大的時候，俾斯麥的掌權使得德國對陸權的重視度明顯高於海權。這當然是掌權者階層的意識問題。

譬如，當時的陸軍元帥愛德溫·馮·曼陀菲爾（Edwin von Manteuffel）男爵在一八八三年給陸軍內閣長官埃米爾·馮·阿爾伯蒂爾（Emil von Albedy II）寫了一封信，我們可以從中看出一些端倪：「我也屬於腓特烈．威廉一世過往那些沒文化的支持者之列，就是會賣掉他最後一艘軍艦來增加一個新的營。」

這句話再明確不過了，海權與陸權的嚴重偏離已經到了如此誇張的地步。而俾斯麥所持的觀點也表達了德國發展戰略的一致性，他認為德國已經在陸權上做得很不錯了——擁有世界第一的陸軍——倘若這時候再進一步擴大海權的力量，建設大海軍勢必會引起英、法、俄等大國的緊張，不利於均勢外交。這是一種出於國家安全的考慮，如果讓這些大國形成反德同盟，德國就會陷入危險的境地。

不過，僅是單純地理解這位鐵血宰相的戰略思想，顯然是低估了他。針對擴建海軍以此來捍衛德國海外利益的說法，他也給出了回應，德國可以採取與二流軍事強國結盟的方式來抗衡英國的海上霸權力量。這裡所說的同盟實際是指「武裝中立同盟」，也就是說，德國若以這樣的方式加入同盟，就可以像俄國、法國那樣起到孤立英國的戰略作用。

俾斯麥是從一八五六年四月十六日的《巴黎海戰宣言》中獲得了重要資訊——他看到那些國家為了捍衛自身海上權益所表明的決心。這是一部關於戰時海上捕獲和封鎖問題的國際公約，在宣言裡闡明了非常重要的原則——

其一，永久性地廢除私掠船制度；

其二，對裝載於懸掛中立國旗幟船舶的敵國貨物，除戰時違禁品外，不得拿捕；其三，對裝載於懸掛敵國旗幟船舶的中立國貨物，除戰時違禁品外，不得拿捕；其四，封鎖須具實效，即須由足以真正阻止船隻靠近敵國海岸的兵力實施，否則封鎖不能成立。

由於《巴黎海戰宣言》具有兼顧諸國海上利益的特質，得到越來越多的國家的認同，奧地利、法國、普魯士（德國）、俄國、撒丁、土耳其、阿根廷、丹麥、日本等五十多個國家都相繼加入。

俾斯麥的策略是要在當時德國所處的歐洲環境與格局中相對安全地發展國家力量，不能過分地刺激英國。如果一意孤行地發展德國海軍力量，即便強行為之，也會被英法海軍之間的聯合所抵消。不得不說，作為鐵血宰相的他，是在極力鞏固德國在歐洲大陸的霸權地位。

因此，德國海軍在俾斯麥時期並沒有得到太大的發展，所持的戰略也只是著眼於近海防禦。

在俾斯麥相對保守的戰略下，德國在陸上強國的道路上獲得較大發展，應該說，他為德國的統一做出了重大貢獻。然而，到了一八九〇年代，德國對建設海軍力量的態度突然發生了巨大變化，迫切地想建立一支具有強大實力，又能用於遠洋作戰的大海軍。值得注意的是，這次德國以極大的熱情投入到經略海洋、擴建海軍的進程中，海權意識的加強已經到了全國人民都「爆發」的程度。

德國對海權的重視何以有如此之大的變化，我們或許可以從一個人身上找到一些答案。十九世紀末，海外擴張的浪潮高漲，海軍主義的流行就如同社會達爾文主義等社會思潮一樣，弱肉強食，積極拓展海外殖民地，以海洋貿易為財富積累的方式讓國家的財富力量獲得極大提升，而馬漢的海權論正是基於這樣的思潮，這在他的一系列著作裡得到集中體現。最重要的是，那些崛起而強大的國家，譬如，英國（海上霸權的建立）、美國（美西戰爭中美國獲得勝利）等，它們也受益於此。憑藉主力艦和奪取制海權的海軍戰略理論，將海上力量與國家的興盛相結合，並提升到歷史哲學的層面。這種現實印證了的成功理論，很快就開始在歐洲乃至亞洲（日本）流行起來了，英、美、法、俄等大國都紛紛掀起了擴建海軍的浪潮。就連西班牙、葡萄牙、墨西哥、荷蘭等中等國家也加入其中：西班牙在一九〇八年透過了長遠造艦計畫；葡萄牙在一八九五年通過了造艦五年計畫；墨西哥在一九〇一年通過了一項造艦計畫；荷蘭在一九〇〇年通過了十年造艦計畫……。

對於德國這樣正在崛起的國家來說，它自然不甘落後，馬漢的「海權理論」在這時就具有很強的吸引力了。很多德國人的意識裡都希望透過這樣「便捷」的方式，讓德國能快速強大起來。

得海權者得天下！要想在世界的舞臺上占據重要位置，就必須大力發展海上力量。時任德國宰相的霍恩洛厄親王克洛德維希・卡爾・維克托（Chlodwig Carl Viktor）曾這樣說道：「我們要奉行一種和平的政策，我們就必須努力將我們的艦隊建得十分強大，以使它在我們的朋友和敵人眼中都具有必要的分量。」

德國統一後，其社會矛盾有所緩解，尤其是與奧地利的矛盾。當然，這樣的統一讓德國的社會結構也變得複雜起來，再加上一八九〇年代德國工商業階層得到了進一步發展，形成了一個龐大的中產階級。顯然，這是順應社會發展的一種產物，然而，德國的權力分配卻與之產生了矛盾，急於想掌握話語權的中產階級卻沒能輕鬆如願。容克貴族地主階層在政治上獨占了德國的軍政要職，在國家政權中起著重要作用。這樣一來，就導致中產階級的社會地位難有改變，而中產階級要想提升地位，參軍，特別是成為軍官是主要的途徑之一。

即便這是一條主要的途徑，占據諸多軍政要職的容克貴族地主階層的軍官們卻基本上把路給堵死了。我們來看一組資料：一八九〇到一九一四年期間，雖然容克貴族地主階層在陸軍軍官中的比例有所減少，但在一九一三年仍然達百分之三十，高級軍官的比例在一九〇〇年高達百分之六十以上。而在海軍軍官裡，這種情況就大有改觀了，以一八九八年的資料為例，在帝國海軍辦公室的三十二名現役軍官中就有二十七名來自中產階級。我們再來看一八九九年到一九一八年的十九年裡，來自容克貴族地主階層並掌權的軍官就少之又少了，在擔任參謀部部門領導的四十八名軍官中僅有兩名來自貴族，十任海軍總部參謀長中僅有一人是貴族。

這樣的資料說明了什麼呢？海軍的發展更適合中產階級和底層階級的需求，他們透過這樣的途徑可以在政治上擁有更多的發言權。在經過相對較長的時間積累後，很容易形成一股強大的社會基礎。

海外貿易的增加，一方面讓德國商人嘗到了甜頭，另一方面也在心裡產生了擔憂與恐懼，他們擔心海上力量強大的英國會切斷其海上交通線。我們來看一組資料，就能看出他們有多麼擔憂與恐懼：以一八七三年到一八九五年間為例，德國商船總噸位增長了百分之一百五十，海外進出口貿易增長了百分之兩百，更重要的是，德國開始部分依賴海外的食物供應。

如此巨大的貿易增長，以及對海外貿易的部分依賴，再加上英德關係不斷惡化，德國商人不擔憂不恐懼就奇怪了。況且，德國已經從一八九八年美西戰爭西班牙的敗績中感受到某種危機。德國宰相霍恩洛厄親王甚至堅定地意識到，「我們必須避免讓自己在英國那裡遇到西班牙在美國那裡遭受的命運，很清楚，英國人正在等待機會打擊我們」。

霍恩洛厄親王的這番話並不是誇大其詞，自從一八九六年的「克留格爾電報事件」（Kruger telegram）後，英國對德國的態度變得強硬起來。

自從美國人摩爾斯於一八四四年發明了電報，就引起了英國的注意。電報的發明改變了世界之間的距離，人們對這種充滿無限想像力又成功的發明充滿了無數讚譽。據說，第一封電報的內容是聖經的詩句：「上帝創造了何等的奇蹟。」（What hath God wrought?）敏銳的英國人看到了這裡面隱藏的巨大便利，很快就建立起了一套完整的有線電報網。顯然，英國人不滿足於陸上的有線電報網興建，它還要在海底世界構建同樣的網，目的是要把竊聽、監控、收集資訊的觸鬚伸向全世界。

強大的電報網路分布，讓英國成為全球海底電纜中轉站。這當然為英國提供了極大的獲取情報便利之門。一八九六年一月三日，德皇威廉二世給川斯瓦共和國（Transvaal Republic）總統斯特凡努斯·約翰內斯·保盧斯·克留格爾（Stephanus Johannes Paulus Kruger）發了一封電報。由於這封電報的內容含有一種類似幸災樂禍的祝賀，導致英德關係惡化。

一八八四年，探礦者在德蘭士瓦發現了世界上規模最大的金礦。這事被英國知道後，英國決心謀劃搶占這一巨大的「財礦」。一八九五年，英國採取雇傭兵的形式開赴德蘭士瓦，一行六百人攜帶著武器，在南非礦業公司的里安德．斯塔爾．詹森醫生（Leander Starr Jameson）帶領下出發了。他們的目的很明確，計畫很陰險，試圖推翻德蘭士瓦的克留格爾政權。

然而，事情進展得不是很順利，在一八九六年一月的行動中，這行人陷入包圍，一百三十四人被擊斃，其餘的全部被俘，包括詹森在內，被以企圖對友邦進行軍事遠征的罪名判處十五個月監禁。這事很快被發酵，在國際上引起了極大爭議。

德皇威廉二世在聽到英國失利的消息後，更是忍不住內心的竊喜。本來威廉二世是打算派兵支援的，宰相霍恩洛厄親王聞言大驚，趕緊勸諫。因為，這等於與英國宣戰。威廉二世卻直言不諱地說：「是的，但這只是在陸地上作戰。」

這種過於直接的做法顯然是危險的，於是有人建議不如以發電報的形式對克留格爾以表祝賀。電文內容既要做到否認英國對德蘭士瓦的宗主權，又不能冒犯英國。威廉二世表示贊同，隨即給克留格爾總統發去賀電——

「您和您的人民在沒有任何友好力量的幫助下，獨立擊退入侵的有損和平的武裝分子，本人表示最誠摯的祝賀。你們維護了國家的和平，捍衛了國家的獨立。」

可惜，在這封電報傳到德蘭士瓦前，英國就透過自己控制的海底電纜將其截獲。在獲悉內容後，英國大怒，國內很多媒體鼓吹要動用海軍的優勢教訓一下德國。

英國認為德皇威廉二世電報中所說的「友好力量」無疑是在向英國示威、向德蘭士瓦示好，意味著必要時德蘭士瓦可以獲得德國的援助。英國絕不允許自己的勢力範圍受到侵犯。

對於英國有多憤怒，我們可以從《泰晤士報》的刊文中得到一些證實：「英格蘭永遠不會在威脅面前退步，永遠不會被侮辱屈服！」隨後，英國採取了一系列的報復手段——

德國水手在英國港口頻頻遭襲；

倫敦的德國商店被砸爛了櫥窗；

在封鎖南非的布林人政權時故意扣押德國郵輪；

……

英國政府的強硬態度讓威廉二世害怕了，他趕緊給維多利亞女王寫了一封信：「我從未想過用這封電報來反對英國或您的政府……」。

在這樣的矛盾激化的境況下，德國發展大海軍已經刻不容緩，擴建海軍的意願就更加強烈了。

德皇威廉二世是一個對海洋抱有極大熱忱的人，他甚至還因此得了一個稱號——艦隊皇帝。據說，他在年輕的時候就對英國的海上霸權表示出極大的羨慕情緒，這種情緒在讀了馬漢的《海權論》後變得更加強烈，他甚至這樣說道：「我不是在讀，而是在吞咽馬漢上校的書。我努力要把它背下來。」

他還是海軍制服控。據說，他一天內更換制服多達四次，由於過於喜歡海軍制服，他甚至立下規定：不許其他王室成員穿現役海軍制服。他對海軍的頭銜也情有獨鍾，多個國家的海軍頭銜讓他找到了作為君主的使命感：德意志帝國海軍元帥，英國、挪威、瑞典、丹麥海軍上將……，這些海軍的榮耀光環讓他倍覺自豪，英國海軍上將似乎是他最中意的，因為這是他的外祖母維多利亞女王於一八八九年授予他的。

很多時候，他會穿上這套海軍制服會見英國大使。在一九〇〇年一月一日向柏林衛戍部隊軍官的講話中，他激情地宣讀：「就像我的祖父對陸軍所做的那樣，我也會以同樣的態度，不折不扣地完成對海軍的重組工作。這樣，海軍也可以像陸軍那樣獲得一種平等的地位，而德國也可以透過它的海軍獲得一種前所未有的地位。」

威廉二世對軍艦的熱愛也到了癡迷的地步。據說，他還親自設計了一艘軍艦，對這樣的設計成果他感到無比興奮，並請來權威造船專家進行鑒定。

威廉二世對海軍的特有偏愛，也可作為對德國擴建海軍的一種意識支撐，他潛意識裡覺得唯有海軍實力第一，才能讓德國的觸角伸向海外更廣闊的天地，打破英國一家獨大的格局。這種非此即彼的判斷，讓他在應對國際事務和國內事務上變得簡單、魯莽——與俾斯麥關係決裂；罷免霍恩洛厄親王；將德國在中國市場份額較少歸結於海軍實力不足；認為英國之所以不將雄獅般的尾巴鎖起來，是因為德國還沒有一支足夠強大的裝甲艦隊，只有用這樣的鐵拳重擊英國，才能像英國面對美國的威脅時那樣。

俾斯麥透過三場戰爭，建立了普魯士領導下的德意志帝國，而後又透過絕妙的政治手段，在錯綜複雜的歐洲局勢中讓德國獲得發展、強大的空間。

這位鐵血宰相不願意德國捲入任何國際糾葛，更不願意與強大的英國產生摩擦，特別是在殖民地的問題上。反觀德皇威廉二世，他就顯得直接與粗暴，甚至是魯莽和不計後果。

不過，或許也是因為他的這份「不理智」，反而讓德國擴建海軍的構想有了更多可能性。

§

一八九〇年，這是德皇威廉二世即位後的第二年。

這一年，他做了一件大事：免去了宰相俾斯麥的職務。德國進入到威廉二世的時代，其外交策略與對陸權海權的處理方式發生重大變化，而這種變化為德國今後的走向定下了某種基調，譬如，第一次世界大戰在情理之中的爆發。

前文所說的那份「不理智」，有一個例子或許可以做最好的說明。先是德國拒絕與俄國簽訂再保險條約，之後，德國與英國在一八九〇年簽訂了《赫爾蘭—桑吉巴條約》，這是一份與英國親善的關於殖民地問題的條約——

其一，坦噶尼喀（今屬坦尚尼亞）歸屬德國，肯亞、烏干達歸英國；

其二，桑吉巴（今屬坦尚尼亞）成為英國的保護國。

這樣的條約內容導致了法國的不滿，法國提出抗議。最後，法國只得到馬達加斯加。英國在東非重要戰略計畫的連接點由此形成。但法國沒有理由任人宰割，他們與俄國在外交上接近，特別是一八九七年沙皇公開表明支持法國，這讓俾斯麥苦心經營的孤立法國的體系就這樣破產了。

我們不是一味強調俾斯麥在德國的所作所為有多麼正確，只是想透過德國在發展道路上對一些事情的偏執，從而引出其在海權問題上的側重態度。當威廉二世急切盼望這個國家獲得世界大國的地位時，他就在拼命地尋找某種快捷的路徑。

馬漢曾指出海權的重要涵蓋——生產、航運、殖民地，這三者的關係是如此緊密。生產，即產出具有交換價值的產品；航運，借此交換得以進行；殖民地，方便並擴大航運行動，並透過大量建立安全區對此進行保護。

可以說，這三項是瀕海國家歷史與政策制定的關鍵所在。生產與貿易是海權發展的動力，而原材料擁有者與市場的新興工業貴族之間的共需，促使他們結成一種聯盟關係。顯然，德國已經具備這樣的條件了，他們迫切地希望政府在海權方面能夠強勢一點。

在一八八七—一九一二年間，德國的進出口貿易得到迅猛發展，甚至已經超過了美國，前者增幅二一四·七%，後者為一七三·三%。我們再看英國和法國，英國這樣強盛的國家才為一一三·一%，法國為九八·一%。值得注意的是，它們都出現了貿易逆差，德國面臨的困境是如何讓對外貿易出現順差。這是德國當時的經濟狀況，對此，我們可以從麥金德的一段話中得到一些啟示，他說：「德國對市場的饑餓已成為世界上最恐怖的現實之一。」

德國的努力讓它看到自己的能力，那些野心勃勃的商人相信德國作為工業強國是可以在將來取代英國的。這不是誇大其詞，以一八八〇年到一九一二年間的貿易資料來分析：一八八〇年的時候，德國有百分之八十的出口銷往英國、法國以及東南歐國家，但是，德國自身也從這些國家進口，占進口總量的百分之七十七。到一九一三年，德國從歐洲國家的進口就明顯下降了三分之一，取而代之的是，海外成為它的原料供應者。

在政策上，德國已經開始大刀闊斧地對貿易給予鼓勵和支持。它們積極拓展海外殖民地，嚴格保護關稅，獎勵出口。各種新興的產業蓬勃發展，像鋼鐵業、採礦業、新式化學工業、電氣工業、光學工業、紡織工業等都在朝興盛的方向邁進。

航運業的發展也成為德國強盛的標誌。在一八八八年的時候，德國的船隊還主要是以帆船為主，註冊噸位是一百二十萬噸。到了一九一三年，這種模式迅速改變，基本上都用輪船了，註冊噸位是三百一十萬噸，不來梅港、漢堡港的擴建使之成為這一時期運輸量僅次於紐約和安特衛普的海港，超過了倫敦、利物浦、馬賽。

當德國的對外貿易躍居歐洲第二的時候，能超過它的只有英國，而德國的海軍力量卻遠遠落後於英國，就連法國、義大利和俄國也比德國強。

這樣的德國，心裡就極不平衡了，再加上一八九七年德國成功獲得中國的膠州灣，這無疑給德國又增加了一劑催化劑。於是，德皇威廉二世趕緊任命阿爾弗雷德·馮·提爾皮茨（Alfred von Tirpitz，又譯蒂爾皮茨或鐵畢子）為帝國海軍大臣，主持海軍建設事務。僅僅在第二年，海軍法案就透過了為期六年的建造計畫。看來，德國要有大動作了，它要將觸鬚伸向全世界。

§

研製先進戰艦中取得的快速進展被認為是工業技術進步的完美產物，恰好德國又擁有令世界欽佩的大學，崛起的平民新貴便自視為這一進步的推動者。無獨有偶，社會學家格奧爾格・西梅爾（Georg Simmel）也在世紀之交前夕將戰艦稱為「現代工業生產最全面的體現形式」，甚至認為它就是現代化的、分工齊全的和機械化的大眾社會的完美象徵。

按照阿內爾・卡爾斯滕和奧拉夫・拉德的描述，同樣並非偶然的是，「社會各界的滿腔熱情很快就化為威廉二世時期德國艦隊建設計畫的推動力」。針對這一事態帶來的災難性後果，前德國首相特奧巴爾德・馮・貝特曼・霍爾韋格（Theobald von Bethmann Hollweg）在第一次世界大戰戰敗後滿腹怨言：「連有些對財政預算吹毛求疵的議員都無法抵禦『稱霸海洋』這句咒語的魔力……一小群專家懷疑我們建造大型戰艦的道路是否正確，但面對一個狂熱的、專為主流服務的新聞界，這種懷疑無處容身。艦隊政策產生的沉重國際負擔引起了擔憂，但被粗魯的煽動壓下去了。海軍內部也未能完全清醒地意識到，它只是政治的工具，絕不是政治的決定因素。」

「適者生存」的社會達爾文主義讓當時許多欲稱霸世界，並以實施一些艦隊建設計畫為主的人找到了「無懈可擊的藉口」。擁護這一思想的國家絕不僅限於德國，這一點無須多加證明，就如前文所述，從德皇威廉二世本人的種種行為就能看得出。毫不誇張地說，他就是艦隊代言人，他狂熱地支持建立一支「光芒四射的海軍」。皇帝自稱差不多吃透了馬漢那部影響深遠的論述海權的著作，我們不清楚他背誦到了什麼地步，然而可以肯定的是，威廉二世仔細傾聽了一位「精力充沛而能言善辯的海軍軍官對海洋戰略的思考」，此人就是阿爾弗雷德・馮・提爾皮茨。

一八九七年，提爾皮茨作為海軍大臣任職於帝國海軍部。他之所以能上任這個職位，除了得益於當時的政治環境——貴族們對稱霸海洋不感興趣——還得益於他本人對工作的認真，不知疲倦以及很重要的敏銳的理解力與政治手腕。

然而，如何實現創立一支強大海軍的目標與具備這樣的夢想是兩回事，除非他能找到馬漢的理論與實際相結合的「操作指南」。根據德國歷史學家湯瑪斯・尼佩代（Thomas Nipperdey）的著作《德國歷史》中的描述，在提爾皮茨上任海軍大臣的第二年，就依據地緣戰略思考進行了精闢的總結：「只要德國沒有發展成為一個勢力範圍越出歐洲大陸邊界的政治大國，那麼泛美、大不列顛、斯拉夫民族，可能還有以日本為首的蒙古種族[4]，這些大國聚集在一起將會在下一世紀摧毀或完全遏制德國。在這個充滿強烈對抗的世界上，避免這一結果不可或缺的基礎是（擁有）一支海軍。」事實上，威廉二世自己也承認，是否支持建設海軍是一場「關係到生死存亡的鬥爭」。

因此，提爾皮茨能在一八九八年透過《海軍法》，一九〇〇年又加以修訂。至此，他可以「更加合理」、「名正言順」地從帝國議會獲得巨額資金，這些資金將用於建設一支大型戰列艦隊。歷史上將這一恢弘的戰略稱之為「提爾皮茨構想」。

提爾皮茨能在帝國的支持下去踐行他的構想，除了德皇的支持，更應該感謝「海軍至上主義」的思潮。

海軍理論家們在一九世紀最後幾十年圍繞海戰中應當達成的戰略目標進行了激烈爭論。最終認為，就確保國家的權力和地位而言，控制海路終究比控制大陸更重

4 原文中的蒙古種族，更貼切的意思應該是指蒙古人種（Mongoloid），後來被西方人用來泛指黃種人，最早由德國自然人類學家布魯門巴赫提出，是他劃分的五大人種之一。「人種」是一個帶有殖民色彩的概念，現在已經不主張使用了。十九世紀末期，取得甲午戰爭勝利的日本成為亞洲武力最強大的國家，所以西方才有「以日本為首」這樣的認識。

要。因為，大規模工業生產時代對原料進口和產品銷售有著巨大需求，所以重要的是保護自己的商路並切斷對手的商路。

具體來說，由於作為陸地生物的人類並不能從控制海洋本身獲益，為此，巡洋艦對戰理論的支持者認為，「最有效的辦法是建立一支可派往全球的、快速的小型巡洋艦隊與敵作戰，同時保護自己的貿易通道」。戰列艦隊的支持者則認為，「應該達到在敵方海岸附近奪取制海權的目的」。無論是哪種觀點，都需要組建一支「由重型戰艦組成的龐大戰列艦隊，其首要任務是與敵方的戰列艦隊交戰並予以殲滅」。

值得一提的是，戰列艦隊理論最重要的代表人物是馬漢，「他以三次英荷戰爭的歷史經驗作為論證依據」證明了這一觀點。正如英國歷史學家羅傑在《海上戰事》中所言：「事實上，十七世紀的英吉利海峽的確爆發了這三次戰爭中的一系列海戰，並且英國最終奪得了海洋霸權。」

從長遠來看，德意志帝國是想建立一支「足以在戰時與英國皇家海軍相匹敵的戰列艦隊」。不過提爾皮茨有他的想法，他知道在相當長的時期內無法與英國海軍進行抗衡，這一點「就連熱情的德國公眾也認為打敗英國人是一個難以企及的幻想，不管這是當下、中期還是長期的目標」。因此，他謹慎行事，提出「德國艦隊只需強大到能夠在海戰中給英國皇家海軍造成一定損失，使它有經不起第二個海上競爭對手（如法國或俄國）打擊的風險」的方案。

風險艦隊方案的誕生自然會引起他國的反應。首先做出反應的是英國，英國人完全將德國艦隊的存在視為一種威脅。很快，提爾皮茨的對手就有反應了——這個人將自己的名字與英國艦隊建設聯繫在一起，他就是著名的海軍上將約翰·阿巴思諾特·費希爾（John Arbuthnot Fisher）[5]。

饒有意思的是，這兩人的出身並沒有太大的差異，前者出身市民階層，後者來自一個貧寒之家，並且這兩人對待工作都十分熱忱。一九〇五年，費希爾被任命為第一海務大臣之後，就以滿腔熱情投入英國海軍的現代化事業。他上任後的幾年內做了一個非常大膽的舉動，報廢一百五十多艘老式戰艦，取而代之的戰艦在動力、裝甲防護和火炮方面都體現了技術上的飛速發展。特別值得一提的是，一九〇六年，英國皇家海軍「無畏」號開始建造，「這艘戰列艦技術上的革命性使此後的同類戰艦被統稱為『無畏艦』，而之前的戰列艦則被稱作『前無畏艦』」。

為此，德國方面起初驚慌不已，隨後就開始果斷應對無畏級戰列艦的挑戰。「他

5　一八四一—一九二〇年，第一代費希爾男爵，英國皇家海軍歷史上最傑出的改革家和行政長官之一，通過他的努力，英國海軍得以在第一次世界大戰中確保海上優勢，從而取得了最終的勝利。

們繼承了無畏級的技術創新，同時力求超越。根據主力艦大規模決戰的戰略理念，德國工程師們在設計新式的國王級戰列艦時側重於提高裝甲厚度，以增強防護能力。」德國在這方面很快就趕了上來。

可以說，這一時期「馬漢理論」的實際發揮達到了一個高潮，不少國家都開始造艦，形成在數量、品質上比拼的海軍軍備競賽模式。到第一次世界大戰爆發前夕，「英國的大艦隊——只是活躍在全球範圍內的英國艦隊的一部分——擁有的重型戰艦包括二十一艘戰列艦、四艘戰列巡洋艦和八艘裝甲巡洋艦。與之相對，德國公海艦隊僅有十三艘戰列艦、三艘戰列巡洋艦和一艘裝甲巡洋艦」。

根據德國學者邁克爾·埃普肯漢斯（Michael Epkenhans）在《海軍陸戰隊》裡的描述：「德國海軍部堅信英國人會在戰爭爆發後立刻駛向德國海岸，並在那裡尋求決戰。」英國國內反應相當敏感，我們可以從英國皇家海軍軍官保羅·蘭伯特（Paul Lambert）在《戰時的皇家海軍》中的描述得到證實，他這樣寫道：「任何法律或外交層面的顧慮都被國內公眾要求血洗德國的壓力所蓋過。當內閣說服一個民主國家進行一場戰爭之後，它很快就會意識到，這樣做會釋放多麼危險的力量。它再也不是局勢的掌控者，並必須對公眾壓力做出反應。」

於是，「倫敦方面下令沒收所有可能將所攜貨物運往德國的船隻，中立國船隻也不例外。儘管這項措施不符合任何已生效的海洋法公約，並且公然違反了國際法，但英國公眾越是極端地要求英國政治家們想盡一切辦法儘快迫使敵人屈服，他們對中立國的抗議就越是不予理會」。

面對英國的敏感反應以及相應措施，之前還信心百倍的提爾皮茨也不得不有些悲觀了。對此，我們可以從他的回憶錄裡得到印證，一九一四年九月十四日，戰爭爆發不到六個星期後，他給妻子寫了一封信，他說：「要是親愛的上帝不幫助海軍的話，事情看起來不妙。」事情看起來確實不妙！「在海軍上將弗里德里希·馮·英格諾爾（Friedrich von Ingenohl，任職時間至一九一五年二月二日）和胡戈·馮·波爾（Hugo von Pohl，任職時間至一九一六年一月二十三日）的小心指揮下，德國公海艦隊小心翼翼的推進最終以在赫爾戈蘭海戰（一九一四 年八月二十八日）和多格爾沙洲海戰（一九一五年一月二十四日）中損失慘重而告終。」

事情看起來更不妙的是，德皇威廉二世生怕艦隊出現損失，就保留了出動它們的最後決定權。這讓提爾皮茨鬱悶不已。而更讓他鬱悶的是，一九一六年初，海軍中將賴因哈德．舍爾（Reinhard Scheer）[6]替代了身患重病的波爾海軍上將，成為公海艦隊司令。

這位雄心勃勃的海軍將領可不想「老老實實」待著，他決定一改前任採取的消極態度，計畫在稍晚進行的決戰之前先設法削減英國皇家海軍的優勢。一九一六年五月下旬，他果斷地決定將英國艦隊拖入一場戰鬥，其意圖在於分散英國艦隊，以便可以進行各個擊破。

提爾皮茨清楚地知道，一場沒有準備充分，實力有所懸殊，且受到德皇威廉二世掣肘的戰鬥即將開始。

6　一八六三—一九二八年，海軍元帥提爾皮茨的堅定擁護者，一九〇九年任公海艦隊參謀長。在一九一六年的日德蘭（Jutland）海戰中，他表現勇敢、指揮卓越。他還是主張實行「無限制潛艇戰」的積極踐行者。所謂「無限制潛艇戰」是德國海軍部於一九一七年二月宣布的一種潛艇作戰方法，即德國潛艇可以事先不發警告，而任意擊沉任何開往英國水域的商船，其目的是要對英國進行封鎖。著有回憶錄《世界大戰中的德國海軍》。

02

以損失論成敗的海戰

舍爾上任後制訂了好幾個進攻計畫。但德國海軍遇到的瓶頸期和其他因素正制約著他的計畫。更可怕的是，一艘輕巡洋艦的沉沒讓英國人知道了計畫。

一九一四年第一次世界大戰爆發後，德國於七月下旬派出了二艘輕巡洋艦作為特遣隊進入波羅的海執行布設水雷和炮擊港口等任務，它們分別是「奧格斯堡」號（SMS Augsburg）和「馬格德堡」號（SMS Magdeburg）。八月二十八日，這支特遣隊在三艘驅逐艦的護衛下，利用深夜作掩護企圖突入芬蘭灣，目的是消滅該海區的俄國巡邏隊。「馬格德堡」號行駛到芬蘭灣南岸的奧斯穆薩爾（Osmussaar，該島屬於愛沙尼亞，瑞典語稱為 Odensholm）島附近時不幸觸礁，這都是海上大霧籠罩導致的。

不久，位於奧斯穆薩爾島的觀察站發現了出事故的「馬格德堡」號，隨即向俄國輕巡洋艦「勇士」號（Bogatyr）和「帕拉達」號（Pallada）發送了信號。在俄國人乘坐這兩艘艦艇向失事德艦駛去期間，德國人已經利用驅逐艦從失事的巡洋艦上撤走約兩百人。俄國人趕到後，立刻向德國人進行炮擊，情急之下「馬格德堡」號上的其餘人員未能撤走。無奈的德軍只能自行將艦炸毀，艦上五十七名官兵和艦長被俄軍俘虜。後來，俄國潛水夫對這艘沉船進行檢查時找到一個鉛制的箱子，內有德國艦隊當時正在使用的旗語信號書、密碼本和航海日誌等。英俄兩國是同盟，於是俄國將其複製品轉交給英國。按照德國軍官霍華斯在《戰列艦》中的描述：「英國海軍部已經悄悄從俄國盟友那裡獲得了德國無線電密碼手冊。」

就這樣，英國人提前獲悉了德國公海艦隊的行動計畫[7]。不過，讓德國人意想不到的某種幸運是，負責無線電密碼破譯的情報機關與皇家海軍指揮機構之間的合作存在著一些問題，它們之間缺乏真誠，甚至彼此厭惡。這就導致負責無線電破譯分析的「四〇號房間」（該破譯小組位於「Old Building」，也就是老海軍部大樓一樓的四〇號房間，因此代號四〇房間或40OB）發出的資訊有時得不到認真對待，無法轉呈給艦隊司令。

7 除了俄國人交給英國人的這套名為「SKM」的密碼手冊外，英國人還弄到了德國海軍的另兩套分別代號「HVB」和「VB」的密碼本，因此德國海軍的電文被大量破譯。

即便如此，英國大艦隊司令、海軍上將約翰·傑利科（John Jellicoe）[8]，還是於一九一六年五月三十日晚率艦隊從斯卡帕灣基地（Scapa Flow）啟程了。這支大艦隊由不少於二十四艘戰列艦組成了六個分隊，八艘老式裝甲巡洋艦和十艘輕巡洋艦組成三個巡洋艦分隊，五十一艘驅逐艦組成三個驅逐艦分隊。海軍中將大衛·貝蒂（David Beatty，又譯比提）[9]，則率領由六艘戰列巡洋艦組成的戰列巡洋艦編隊於同日出海。休·埃文·湯瑪斯海軍中將（Hugh Evan Thomas，艦隊通訊專家）指揮的四艘由伊莉莎白女王級戰列艦（當時最先進的戰列艦）組成的第五戰列艦分隊以提供協助的身分出現。由於資訊不完整，約翰·傑利科向北海北部挺進，在對付德國艦隊時還意在揣測對手的實力。

德國方面的艦隊實力也不容小覷。弗朗茨·馮·希佩爾（Franz von Hipper）海軍中將負責指揮偵察艦隊，它主要由戰鬥力極強的戰列巡洋艦組成，包括希佩爾的

---

8 一八五九—一九三五年，後晉升皇家海軍元帥，為英國海軍貢獻良多。同時，他著作等身，代表作有《1914—1916年的大艦隊》和《決定性的海戰》。

9 一八七一—一九三六年，一九一六年十一月繼任約翰·傑利科的職位，領導英國大艦隊。他為一九一八年十一月十一日停戰協定的簽署立下汗馬功勞。一九一八年十一月二十一日，貝蒂接受整個德國公海艦隊的投降，戰後晉升海軍元帥。

旗艦「呂佐夫」號（SMS Lützow）、「德夫林格」號（SMS Derfflinger）、「塞德利茨」號（SMS Seydlitz）、「毛奇」號（SMS Moltke）、「馮・德・坦恩」號（SMS Von derTann）。這支艦隊將駛出丹麥北部海域，目的是騷擾英國商船航線，從而誘使英國艦隊出擊。如果這個目的實現了，希佩爾就率領艦隊吸引敵人向南航行。舍爾則率領由十六艘戰列艦、五艘輕巡洋艦和三十二艘魚雷艇組成的公海艦隊主力，他的任務是在戰列巡洋艦後方六十海裡處等待，以期發動攻擊。

這場發生在丹麥白德蘭半島附近北海海域的大海戰註定深刻而不同凡響，因為雙方都全面出動了主力艦隊。

§

一九一六年五月三日下午三點二十九分，位於西面的德國戰列巡洋艦隊發現了濃密的煙雲，這是英國蒸汽艦船航行時噴出的煙霧，很大程度上暴露了艦隊航行的蹤跡。不久，又發現了兩列向北航行的英國戰艦編隊。德國人在發現目標後，立刻向東航行。

英國人同樣發現了敵人，由貝蒂率領的艦隊立刻進行追趕。如果這次追趕特別及時，德國人將受到開戰時的第一輪重創，然而，由於信號傳輸故障，喪失了寶貴的幾分鐘。當時，第五戰列艦分隊司令湯瑪斯已經觀察到上司貝蒂的座艦改變航向，卻因沒有收到明確的命令未能及時跟隨轉向——英國艦隊的紀律性是出了名的。

這是第一次發生通信故障，故障多發也影響了接下來的戰鬥。

下午三點四十八分，德國艦隊在距離一．三公里的海面上開了火。英國艦隊因在形成縱列時浪費了時間，導致己方最初只有六艘戰列巡洋艦能夠還擊。它們分別是「獅」號（HMS Lion）、「皇家公主」號（HMS Princess Royal）、「瑪麗女王」號（HMS Queen Mary）、「虎」號（HMS Tiger）、「紐西蘭」號（HMS New Zealand）和「不倦」號（HMS Indefatigable）。

這一次的戰鬥很快就效果明顯，由於德國艦隊擁有更好的能見度和更強大的火控系統，其火炮的射擊效果要好得多。根據英國歷史學家斯蒂芬．羅斯基爾（Stephen Roskill）在《海軍上將貝蒂》中的描述，幾分鐘後，「不倦」號戰列巡洋艦在與「馮．德．坦恩」號一對一炮戰時被重炮命中五發，當即發生爆炸。該艦一〇一九名艦員中只有二人倖存。

下午四點六分，湯瑪斯的第五戰列艦分隊趕上來了。他的裝備了三八一毫米口徑強大主炮的戰列艦，向德艦戰列末尾的兩艘戰艦「馮．德．坦恩」號和「毛奇」號開了火，但同時皇家海軍的「瑪麗女王」號也被重炮連續命中。德艦「德夫林格」

號的一級炮術長格奧爾格・馮・哈澤（Georg von Hase）在回憶錄中描述道：「船頭首先騰起了亮紅色火焰，隨後發生爆炸。緊接著船身中部發生了更大的爆炸，黑色的船體飛到空中，然後一次恐怖的大爆炸席捲了整艘船。巨大的煙雲騰空而起。」

「瑪麗女王」號只有九人倖存。這次對決，德國艦隊明顯占據了上風。也難怪貝蒂對旗艦「獅」號艦長艾爾弗雷德・厄恩利・查特菲爾德（Alfred Ernle Chatfield）抱怨說：「今天我們該死的戰艦看起來總有點兒不對勁啊。」

「當東南偏南航向的戰列巡洋艦之間的戰鬥演變為並行連環戰時，舍爾正率德國公海艦隊主力以十五節的航速向北行進。」下午四點三十八分，貝蒂發現了公海艦隊的第一批戰艦。根據英國學者霍華德在《戰艦》裡的描述，迫於敵艦的優勢威脅，貝蒂的旗艦需要立即向北轉向，以便朝己方主力艦隊的方向航行。

然而，此時傑利科卻不瞭解形勢發展，這主要是貝蒂的旗艦「獅」號無線電設備發生了故障導致。為此，約翰・傑利科在戰後大肆指責貝蒂：「我從未感到像這樣被排除在外。我完全不瞭解戰況。敵軍艦隊到底是在前方、側方還是後方？」

傑利科當時雖然看見道道閃光，卻無法分辨。這位絕望的海軍上將抱怨說：「我希望有人能告訴我是誰在射擊，還有朝誰射擊！」他的對手舍爾對戰局的估計也沒清楚到哪去。像希佩爾的「呂佐夫」號同樣因無線電設備故障而貽誤戰機。

這是不可控的不利因素。那時候，無線電技術尚處於起步階段，即使敵人不干擾也很容易失靈，艦隊指揮官依然需要依賴「極為有限的旗語信號和警笛」作為通信手段。如果這些都無法實施，譬如因海上惡劣天氣、濃霧、距離過遠等因素，就只能憑經驗判斷了。

傍晚六點左右，舍爾猜測敵艦隊位於西至西北方向之間，航向東南。德方戰線與其平行。「威斯巴登」號（SMS Wiesbaden）被認為處於兩列戰線之間。傑利科則只知道他正在與敵軍相遇的途中，但他既不知道對方的確切實力，也不知道其戰鬥隊形，更不清楚德國人的位置，只知道他們大致在南方的某處。

隨後，傑利科艦隊右路縱隊的先導艦「瑪律伯勒」號（HMS Marlborough）戰列艦與從西南方高速駛近的貝蒂的戰列巡洋艦會合，並迅速通報給了傑利科的旗艦「鐵公爵」號。傑利科隨即發信號詢問：「敵軍戰列艦隊在哪裡？」他再度收到了令人不滿意的回覆：「敵戰列艦隊在西南偏南方向出現。」除此之外，沒有任何關於敵艦實力、速度和航向的資訊。

傍晚六點十五分，傑利科知道不能再等了，決定採取行動。他命令手下的二十四艘戰列艦排成戰列，朝東南偏東方向高速行進，他希望在舍爾的戰列前「抹掉T字的一豎」，以便執行著名的「T字橫頭」戰術[10]，使己方戰列得以集中舷側火力對敵人旗艦實施齊射。

傑利科的這一行動是正確的，與此同時英國艦隊再次遭受到重創。差不多就在傑利科的主力艦隊排成戰列的同時，「在其東側向前航行的羅伯特・基斯・阿巴思諾特（Robert Keith Arbuthnot）海軍中將指揮的第一偵察巡洋艦分隊遭遇了因受重創而喪失機動能力的德國輕巡洋艦『威斯巴登』號。為接近並擊沉該艦，英國裝甲巡洋艦不小心進入了公海艦隊的射程。幾分鐘後，阿巴思諾特的旗艦、裝甲巡洋艦『防禦』號（HMS Defence）發生爆炸，九百〇三名艦員無一倖存。『武士』號（HMS Warrior）裝甲巡洋艦也遭到重創，不得不退出這場戰鬥，並在到達母港前沉沒」。[11]

一時三十五分，處在英國第三戰列巡洋艦分隊最前面的霍拉斯・胡德（Horace Hood）海軍中將的旗艦「無敵」（HMS Invicible）號發生了爆炸，同樣損失慘重。

10 由於火炮大都安置在船舷兩側，要實施炮擊就必須側面對敵。也就說，艦隊在作戰時應儘量排成一線，用自己的側面對準敵方船頭，這樣兩支相互作戰的艦隊就形成了「T字橫頭」。這種戰法一直到導彈出現並成為主要打擊手段才停止使用。

11 參閱阿內爾・卡爾斯滕斯和奧拉夫・拉德的《大海戰：世界歷史的轉捩點》。

值得一提的是，「該分隊同樣位於主力艦隊東側較遠處，此時在九公里距離上與損傷嚴重的希佩爾的戰列巡洋艦隊交火。德艦『呂佐夫』號再度中彈八發，使希佩爾不得不更換旗艦。『呂佐夫』號第二天晚上被放棄，並被己方魚雷艇擊沉」。

「儘管英艦遭受慘痛損失，但在雙方艦隊於傍晚六點三十分左右相遇時，戰鬥似乎朝著對英軍有利的方向發展」——這時英國大艦隊的主力艦由北向東排成了長約七海浬的規整戰列，它們正處於可怕的「T字橫頭」位置，並且立即開始集火射擊。

根據拉恩在《海上戰役》中的描述，身處這危急時刻，舍爾反應十分冷靜，「由於敵人炮火對前端壓力極大，再使前端轉向必將導致不利的火炮射擊與戰術局面，因此他被迫將戰線倒轉」。舍爾所說的「戰鬥轉向」命令也在戰鬥日誌中得到印證。要完成這一動作，難度極高，需要所有戰艦原地轉向一百八十度，然後全速行進，隨即形成一條新的戰列。

如此困難又驚人的動作竟然成功了！不得不佩服舍爾的睿智，以及德國艦隊的機動性。於是，傑利科不得不放棄對撤退敵軍的全力追逐，因為他害怕撤退的德國艦隊投放水雷和發射魚雷，密集的戰艦很難躲掉這些厲害的「水下傢伙」。

隨後，傑利科指揮英國艦隊轉向東南，以避開魚雷艇。「他並沒有利用整體上十分有利的形勢全力追擊、與敵作戰並在有利條件下將其殲滅，他後來不斷因此受到指責。」戰後英國海軍進行內部討論時，許多人都很氣憤：「對大艦隊的官兵來說，這讓人失望透頂。天意已使敵人落入己手，使他們完全能夠全殲公海艦隊。令人發狂的是，儘管沒有犯下明顯過錯，但煮熟的鴨子還是飛了。」[12]

對此，傑利科在一九一四年十月三十日寫給海軍部的一封信中解釋了原因：「舉例來說，如果敵艦隊朝附近的艦隊轉向，我就會認為，他們想把我們引向雷區或潛艇設伏區，我會拒絕前往。我知道，這樣的策略如果得不到理解就會為我招來惡名。但只要我取得了主的信任，我就會按照經過深思熟慮、最適宜合理的方式行動。」

德國歷史學家阿內爾·卡爾斯滕和奧拉夫·拉德則給出了另一個視角的分析：「毫無疑問，納爾遜會在一九一六年五月三十一日晚上採取不同的戰法，而毫不畏懼魚雷艇的攻擊。但是傑利科實現了其最重要的戰略目標：德國人必須認識到，無論他們的火力多麼優秀，無論戰術多麼出彩，甚至無論決心多麼強烈，他們物質上的劣勢都是無法彌補的。只要不想毫無意義地犧牲珍貴的艦隊，他們就得被迫撤退。」

一九一六年五月三十一日晚間，英德雙方主力艦戰鬥結束，當然，全域性的軍

12 相關內容可參閱亞瑟·J·馬德（Arthur J. Marder）所著的《從無畏艦到斯卡帕灣》（*From the Dreadnought to Scapa Flow*）。

事行動卻遠未告終。傑利科在天黑後數小時的「小心謹慎」起了關鍵作用，這一點也被他寫進了日德蘭海戰的官方戰報：「我立刻放棄了用重型戰艦打夜戰的想法，這很可能招致災難。首先，因為有大量魚雷艇出沒（在黑暗中當然很難發現其蹤跡，因此有潛在的危險）；其次，無法區分敵我艦艇。」

也許是傑利科過於小心，「他應該試圖阻止公海艦隊返回本國港口，以便在公海上再次對其發動攻擊。這個戰機是不錯的，因為日間作戰已經使大艦隊處在德國艦隊的東面，因而夾在了公海艦隊當前位置與威廉港基地之間」。這時，舍爾只有兩種選擇：要麼走正南航行方向，雖然這樣航行距離更長，但是危險程度較低，且能在德國北部海岸附近向東轉向，然後朝亞德灣（Jadebusen）行進；要麼向東南前行，走距離較短的路線，以儘快獲得荷斯韋夫礁（Horns Reef）雷場的保護，避免翌日早上再次陷入戰鬥。他選擇了後者。後來他解釋說：「必須全部向距離最近的荷斯韋夫礁行駛，並且要無視敵人的一切攻擊堅持航行。」因為，他麾下的許多主力艦已經無法對占據絕對優勢的英國艦隊進行有效抵抗了。

就這樣，德國艦隊進入到「安全區域」，從此幾乎沒有機會再出來——聰明的英國人對其實施了強有效的戰略封鎖。只是，對傑利科來說，無疑錯過了在日德蘭海戰中一場輝煌的勝利，有人評價說：「如果抓住了那個機會，約翰·傑利科會成為一個像納爾遜一樣的人物。」

03
荒唐時代的錯誤

假設時光能倒流，假設傑利科能做出劃時代的選擇，那麼他將重寫歷史。但歷史沒有假設，也不會重寫。戰後，一位英國驅逐艦指揮官證實：「我們真的不知道敵人在哪，也只能非常模糊地瞭解我方戰艦的位置。」實際上，這裡面出現了一個純粹的巧合，「雙方艦隊並未在各自航線組成的『Y』字交匯點碰面，因為大艦隊比德國艦隊早幾分鐘經過了交匯點，使雙方主力再次彼此遠離」。

之後的收尾內容如德國歷史學家卡爾斯滕和拉德的描述：「執行偵察任務的輕型艦艇分隊之間的戰鬥則使雙方蒙受了重大損失：公海艦隊損失了老式戰列艦『波美拉尼亞』號（SMS Pommern）和輕巡洋艦『埃爾賓』號（SMS Elbing）、『弗勞恩洛布』號（SMS Frauenlob）、『羅斯托克』號（HMS Rostock），英國人則損失了裝甲巡洋艦『黑太子』號（HMS Black Prince）和四艘驅逐艦。得知這場戰鬥未能使公海艦隊再次應戰後，傑利科遂於六月一日清晨命令各艦返回母港。由於抄了近道，公海艦隊（不包括裝甲巡洋艦『賽德利茨』號和『德夫林格』號等受重創戰艦在內）比英國對手更早拋錨泊船。」

日德蘭海戰就此結束。

這場海戰讓英國損失了三艘戰列巡洋艦，三艘老式裝甲巡洋艦，八艘驅逐艦，總計排水量一一．五〇二五萬噸，皇家海軍共有六千〇九十四人陣亡，六百七十四人受傷。德國損失一艘戰列巡洋艦，一艘老式戰列艦，四艘輕巡洋艦，五艘魚雷艇，總計排水量六．一一八〇萬噸，兩千五百五十一人陣亡，五百〇七人受傷。

從損失數量及程度來看，明顯德國人贏了；從戰略影響來看，德國人卻輸了。英國艦隊不可逾越的物質優勢對戰爭後續進程產生了更重要的影響。被封鎖的德國艦隊幾乎沒有什麼作為了。日德蘭海戰後不久，舍爾晉升為海軍上將。根據他向德國皇帝的報告內容，我們可以看出德國人在日德蘭海戰並未取得長遠的勝利：「最近一次進展順利的行動雖然予敵以重創，但毫無疑問，即使在公海上取得最有利的戰果，也不能迫使英國和解……要想在短期內取得這場戰爭的勝利，就只能動用潛艇打擊英國貿易往來，以遏制其經濟命脈。出於責任感，我迫切建議陛下不要使潛艇戰的強度發生任何形式的減弱。」

德國歷史學家卡爾斯滕和拉德認為：「不僅戰前的龐大海軍建設計畫是一個絕望的時代錯誤，公海艦隊試圖徹底扭轉第一次世界大戰戰局的努力也失敗了。隨後幾個月中，無限制潛艇戰的擁護者進一步加強了鼓動，並在一九一七年春季取得了成功，眼睜睜目睹美國參戰後，德國利用潛艇戰迫使英國經濟屈服的希望明顯化為了泡影。」

英國歷史學家安格斯．康斯塔姆（Angus Konstam）則這樣描述日德蘭海戰：「這是一場參戰雙方都宣稱自己獲勝的戰爭，但它也是一場難以區分勝利方和潰敗方的戰爭。當天北海海域彌漫在一片大霧之中，這似乎也給事實蒙上了一層神祕的面紗。」「許多人用『非決定性』一詞形容這場戰役——一場全無成就的戰役，對戰局的決定性意義更是寥寥。其他人則將其視作英國的勝利，因為它依然保持著絕對的海上優勢，而德國人已經倉皇逃回港內，而且日德蘭一戰之後，他們似乎不願再駛出港口。另有少數人將雙方艦船損失和人員傷亡數量加以對比，作為例證，聲稱是德國人贏了。當然，跟一個月後索姆河戰役中的流血相比，這點兒傷亡顯得無關痛癢……總之，日德蘭海戰的關鍵不在於取得成功，而在於不容失敗——奪得勝利的桂冠固然可喜，但海上的失敗則無異於輸掉整場戰爭。」[13]

13　相關內容可參閱亞瑟．J．馬德（Arthur J. Marder）所著的《從無畏艦到斯卡帕灣》（*From the Dreadnought to Scapa Flow*）。

的確，這場雙方投入巨大的海戰以德國人取得戰術勝利而告終，卻絲毫沒有改變英國海軍的戰略優勢。從這一點來講，德國因這場海戰而走向了關乎第一次世界大戰勝負的關鍵節點，因此這場海戰往往被視作德國人在「第一次世界大戰戰敗之路上的一座里程碑」。

拋開勝利和失敗的結果論，從戰爭文明角度講，一九一六年的日德蘭海戰是海戰走向現代化之路上的一個轉捩點。從這之後，大型戰列艦隊不再是海戰中的決定性因素。

§

一九一六年五月三十一日，丹麥北部海域爆發了海戰史上規模最大，也是最後一場戰列艦編隊之間的海戰——日德蘭海戰。為了這場空前的對決，「在此前數十年中，交戰雙方分別斥鉅資打造了英國大艦隊和德國公海艦隊」，這兩支大型艦隊屬於當時最先進軍事技術的產物。

不過，德國公海艦隊從來沒有機會決定性地擊敗數量上遠勝於己的敵人。為了贏得聲望，德國不顧實力上的絕對劣勢而參戰，這個決定確實是一個荒唐的時代錯誤。

對此，我們也可以從慕尼克的私人醫生維克多·克倫佩雷爾（Victor

Klemperer）於一九一六年六月初的日記中得到更為詳盡的描述：「我對日德蘭大捷的喜悅沒持續多久。這場勝利比陸上的那些勝仗還要無謂。它到底有什麼決定作用呢？我們的損失只是英國人的五分之一嗎（德國人應該是誇大了損失比例，雙方噸位與人員的損失比大約是1：2）？但這一損失比數量上五倍於己的英國人要慘重得多！我們取得了道義上的勝利嗎？可是英國人肯定會把一切描繪成另外一個樣子。而事實上，德國艦隊顯然和英國艦隊一樣精疲力竭地返回了港口。是啊，要是我們能反擊、全殲敵人、登陸，或者徹底打破封鎖就好了……但是，一場中世紀風格的戰鬥只是為了爭奪騎士榮譽，雙方沒有改變任何實質就打道回府了——這真是一個荒唐的時代錯誤」。[14]

克倫佩雷爾的分析是比較理性的，在他的日記裡明顯暗示了德國國內日益增長的厭戰情緒，同時也看出了這場海戰德國人輸在了戰略上。可以說，「德國艦隊建設計畫長期而不幸的發展在日德蘭海戰達到了悲劇性高潮，這一計畫的設計與實施方

14 參閱維克多·克倫佩雷爾所著的《簡歷：回憶1881-1918》（*Curriculum Vitae.Erinnerungen 1881-1918*）。

式結合了不合時宜的心態與最頂尖的技術，影響十分深遠」。[15]

這場具備里程碑意義的海戰也迫使德國不得不採用「無限制潛艇戰」。當公海艦隊喪失了對戰爭進程的決定性影響和希望後，「無所事事」的公海艦隊只能前仆後繼地出現在安全的海域。除此之外，士氣的不斷下降也讓艦隊無法有什麼作為——不再有更大的損失已經是萬幸了。英國人的封鎖戰略再一次證明了馬漢理論的正確性。

一九一八年十一月德國公海艦隊出事了！

士氣低落且厭戰的德國基層水兵在基爾港揭竿而起。十一月十一日，德國政府宣布投降，十一月二十日公海艦隊駛離港口。不過，他們不是去作戰，而是去向英國人投降。

15 詳情可參閱安格斯·康斯塔姆的《日德蘭勝敗攸關12小時》。

Chapter VI

漂浮的地獄

折戟中途島

（西元 1942 年）

半年前，在珍珠港，日軍對美國戰艦也做過同樣的事情。不過現在，他們自己燃燒的航母不是停靠在碼頭邊，而是航行在公海上，距離日本控制的領土有數百英里之遠……

——維克托・漢森的《殺戮與文化：強權興起的決定性戰役》

01

帝國艦隊出動

希波克拉底（Hippocrates）在其著作《論空氣、水和環境》裡這樣寫道：「在人民不能獨立自主地生活，而被專制統治所支配的地方，不可能存在真正的軍事力量，這樣的民族僅僅是在表面上善戰罷了……因為一旦人們的靈魂遭到奴役，對於讓自己承擔風險去增強別人力量，他們顯然不樂意拋棄一切去執行這樣的任務。相比之下，獨立的人民是在為自己而非他人的利益冒險，因此他們願意並且渴望直面危險，因為他們自己能享有勝利的獎賞。因此，制度的設計，對軍隊能夠展現出的勇氣來說意義重大。」

這才是戰爭勝利力量的根本源泉。美國歷史學家維克托．漢森認為：「隨著太平洋戰爭的終結、日本社會的毀滅和軍國主義的名譽掃地，阻礙這個國家全面接受西式議會民主及其一切伴生物的百年路障最終被搬開了。戰後引入的立憲政府帶來了土地的再分配、媒體自由、抗議自由、婦女解放。」在過去的世紀裡，嚴格的等級制度、個人對天皇神性的崇拜與完全服從，讓我們發現，最終決定日本政策的是一小部分軍國主義者的狂妄想法——他們既不需要日本人民的批准或者參考意見，也不需要告知日本人民。在這樣的制度下，人民的一切權利或許變得都不重要，很多時候，「一頭神牛會比一個人的生命重要；皇帝相比普通人就是不可侵犯的存在；一個人一生的目標或許就是為了一場宗教朝聖；在戰爭中，為了一個精神領袖，戰士們時常需要發起自殺性的衝鋒來證明忠誠；一名戰士還必須冒著他（她）的生命危險，只為救出皇帝的相片……」。

這種力量當然是強大的，卻又是相當脆弱的，一旦民眾覺醒，神性力量就會坍塌。不過，對沉浸在軍國主義的那部分日本人來說，在他們覺醒之前，不會認為在這場世界大戰中失敗的根源是極端的個人主義下的神性崇拜。

基於這樣的特質重新審視一九四二年的中途島之戰，我們會探究出更為深刻的內容和要義。毋庸置疑的是，中途島是第二次世界大戰中最大規模的海戰之一，它也像兩年後的萊特灣海戰一樣，具備最為紛繁複雜、最具決定性的戰爭屬性。

中途島海戰已經過去許多年，今天，我們將重新審視那段歷史。關於這場戰爭的相關文獻、論述可參閱艾迪．鮑爾《斷刀：從珍珠港到中途島》，淵田美津雄、奧宮正武《中途島海戰》，堀越二郎、奧宮正武《零戰》，約翰．托蘭《日本帝國的衰亡》等作品。值得一提的是，雖然堀越二郎、奧宮正武的《零戰》存有諸多不實之處，但從這個角度去分析會窺測到日本看待這場戰爭的諸多心理，以及相關意識形態。

§

毫不誇張地說，中途島海戰的戰區範圍極廣，超過兩千五百平方公里。這場海戰見證了日本海上力量的強大，其間有「航母對中途島的進攻，航母間的魚雷和俯衝轟炸攻擊，零式戰機和美軍岸基、艦載戰機的空中格鬥，潛艇的魚雷攻擊和驅逐艦的反潛攻擊」，當然，還有「日本戰列艦與重型巡洋艦希望與美軍航母和巡洋艦展開炮戰的徒勞努力」。

日本帝國艦隊出動的第一周，即一九四二年六月的第一周，這支艦隊是抱有必勝心理的。如果我們站在觀戰的視角會發現，無論是在浩瀚的太平洋上空，還是在海面與水底，那些充滿神性崇拜的軍人正充滿熱情並努力地戰鬥著。當然，這並不奇怪。就在上一場震驚世界的海上勝利（指日本偷襲珍珠港事件）後，山本五十六海軍大將的威名已經讓這些軍人幾近瘋狂。現在，作為日軍成功奇襲珍珠港的設計師，山本海軍大將再次出征。他在中途島——阿留申群島攻勢中集結了近兩百艘戰艦，裡面包括航空母艦、戰列艦、巡洋艦、驅逐艦、潛艇和運輸艦，總計噸位超過一百五十萬噸。它們由超過十萬名水兵和飛行員操縱，還有二十名海軍將領指揮。需要說明的是，僅僅在中途島戰場上就有八十六艘戰艦參戰。

對此，我們可以聯想到薩拉米斯或勒班陀海戰。就參戰人員數量而言，日美艦隊的交戰規模接近東西方之間在薩拉米斯或勒班陀的大戰。前者約三十萬到四十萬人，後者十五萬到二五萬人。這樣的規模實屬罕見，「直到兩年後美國人在萊特灣海戰中組建出一支更為龐大也更為致命的大艦隊為止，駛往中途島的日本艦隊是海戰歷史上規模最大、實力也最為強勁的艦隊」。

就參戰人員的素質來看，「『赤城』號、『加賀』號、『飛龍』號和『蒼龍』號航空母艦上的飛行員，都是日本最優秀的飛行員」，可謂是出動了帝國頂尖的精英。另外，整支大艦隊擁有接近七百架艦載與岸基飛機，僅僅在中途島附近就有三百餘架。因此，日本人對這場具備重大戰略意義的戰事充滿了信心，並將中途島海戰看作是更為宏大的作戰行動的序曲。

一旦取得中途島海戰的勝利，他們將實施一系列的行動：一九四二年七月初派出航母部隊進攻新赫里多尼亞（New Caledonia，位於南太平洋，距澳大利亞昆士蘭東岸一千五百公里處）和斐濟（南太平洋的一個島國，地理位置十分重要，是這一地區的交通樞紐）；七月底對悉尼和盟軍在澳大利亞南部的基地展開轟炸；八月初集結整支艦隊對夏威夷實施毀滅性打擊。預計到一九四二年早秋即可完成這一系列的戰事行動。

按照山本的戰略構想，在馬漢主義的指導下，隨著對中途島的占領——在美軍不知所措、毫無防備的情況下發起閃電般攻勢——就能取得珍珠港那樣的勝利。美國人失去中途島，意味著很快就會喪失在太平洋上的所有基地。換句話說，這就切斷了美軍通往澳大利亞的補給線，而太平洋艦隊也將最終沉沒。到那時，美國一定會爭取以談判取得和平。至此，日本就能確認對亞洲的絕對控制，並在太平洋上劃出美國的明確影響力界線。

這一宏大構想拋開其他不說，至少需要充足的時間和空間才行。結果，四月十八日的突發事件讓日本人更迫不及待地想實施這項計畫——由於盟軍在太平洋接連失利，出現了士氣低落的現象，為了提升士氣，打擊驕橫的日本軍閥，一九四二年四月十八日，小威廉·弗雷德里克·哈爾西（William Frederick Halsey Jr.）海軍中將的特混艦隊，掩護詹姆斯·哈樂德·杜立德（James Harold Doolittle）中校率領的從航母上起飛的十六架 B-25 中型轟炸機，對日本東京、名古屋、神戶、橫濱、神奈川和橫須賀等地進行轟炸。這次轟炸造成日本死傷三百零二人，約九十座廠房建築被炸毀，「龍鳳」號航母被炸傷——而且日本統帥部也確信在這重要時刻，日本必須加速執行在太平洋上掃除美軍的夏季計畫。

不可否認的是，山本的計畫存在諸多錯誤。首先是計畫過分複雜、缺乏協調性；其次是目標太多，既要征服中途島，然後占據阿留申群島西部的一些島嶼，還要殲滅美軍航母艦隊；最重要的是日本人高估了自己的實力，想要這些有時會互相衝突的目標一起實現可謂大而無當。然而，日本人還是這樣去做了：他們將艦隊至少分為五個互不連續的機動部隊，每個機動部隊自身又有諸多從屬部分。這就導致顯而易見的弊端出現——這些部隊過於分散，互相之間常常毫無聯繫，結果日軍從未能在任何一個地方集中兵力，發揮他們的數量優勢。

按照美國歷史學家維克托·漢森的描述：「在理想狀況下，山本的艦隊會在作戰之初派出超過十五艘潛艇進入中途島以東，儘早探測出從夏威夷或西海岸趕來的美軍艦隊的航線。潛艇能夠為海上搜索飛機提供燃料，也能夠預先告知主力艦隊正在接近的敵軍艦隊的規模與數量，而後向開進中的敵軍主力艦射出魚雷。但由於美軍對日軍整個攻擊模式的優秀情報工作，幾乎所有潛艇都來得太晚了，它們未能向山本提供任何關於美軍開進的消息。在海戰初期的多數時間裡，它們都落到了美軍艦隊大部分戰艦的後方，對美軍事實上已經遠離中途島、等待日軍航母來臨的消息毫無知覺。」這種致命的錯誤是由情報缺失導致的，就像德國人在日德蘭海戰前，因「馬格德堡」號失事而洩露密碼一樣，它將深深影響到戰局。

即便如此，日本還取得了所謂的戰果。由細萱戊子郎海軍中將[1]率領的艦隊加上北方部隊成功地占領了阿留申群島。這支聯合部隊包括二艘航母、六艘巡洋艦、十二艘驅逐艦、六艘潛艇、其他各類艦船和兩千名陸軍。占領中途島即便未給日軍帶來任何戰略上的優勢，但起碼表面上能夠讓日軍進攻夏威夷和美國太平洋艦隊司令部。但是，出動規模不小的聯合部隊占據距離夏威夷和美國西海岸都極為遙遠的白令海（太平洋沿岸最北的邊緣海，海區呈三角形。南隔阿留申群島與太平洋相聯。一七二八年丹麥船長白令航行到此海域，因而得名）上的寒冷小島有何意義呢？島上毫無工業及戰略物資，更讓人詫異的是，那裡只駐紮了少數美軍部隊，日本人卻如此興師動眾。

針對中途島本身，日本人的作戰計畫則充斥著想當然的味道。由南雲忠一海軍中將[2]率領的第一機動部隊將透過「赤城」號、「加賀」號、「飛龍」號和「蒼龍」

1 一八八八—一九六四年，一九四二年六月中途島海戰期間，指揮第五艦隊作為北方部隊負責進攻阿留申群島方面的作戰。

2 一八八七—一九四四年，死後追晉海軍大將。在日本海軍軍部頗具威望，太平洋戰爭時期任聯合艦隊第一航空艦隊司令長官，曾指揮部隊偷襲珍珠港，塞班島戰役失敗後自殺。

號航母上的飛機，以反覆出擊的方式轟炸、削弱中途島防禦力量。值得一提的是，這支機動部隊還將得到二艘戰列艦、二艘巡洋艦和十一艘驅逐艦的支援，日本人可謂下足了本。

當這一戰果出現後，田中賴三海軍少將[3]則指揮十二艘運輸艦和三艘驅逐艦搭載五千名士兵登陸中途島。在占領該島後，如果占領軍感受到美軍艦隊的入侵威脅，或者說想實施戰略行動，軍部會派出由栗田健男海軍中將[4]率領的四艘重型巡洋艦和二艘驅逐艦提供火力支援。為確保萬無一失，前來增援的還會有近藤信竹海軍中將[5]的艦隊，包括二艘戰列艦、四艘重型巡洋艦、一艘輕型巡洋艦、八艘驅逐艦以及一艘輕型航母。這樣的部署看起來非常周密，環環相扣，但這都是建立在日本設想的美國海軍遲遲不能抵達戰場的前提下。因此，這樣的部署註定幼稚可笑——沒有考慮到美國艦隊的機動性。日本人甚至認為愚蠢的美國海軍還會不顧一切地進攻

3　一八九二—一九六九年，塔薩法隆格海戰的勝利者，這是日本人在太平洋戰爭期間取得的少有的勝利，有意思的是，他在日軍中得不到重用。因為軍部不喜歡冷靜且耿直的智者。

4　一八八九—一九七七年，是日本海軍軍歷最長的指揮官，時長三十四年，據說以擅長逃跑出名，因此有人認為他不是真正的武士。

5　一八八六—一九五三年，山本五十六的副手，曾任海軍軍令部次長。

相繼出現的誘餌船，然後被更為龐大也更為致命的帝國航母和戰列艦逐一痛擊。

在上述行動實現後，藤田類太郎少將的水上飛機母艦部隊會及時出發，用二艘水上飛機母艦、二艘小戰艦占領附近面積狹小的庫雷（Cooley）島，以期建立水上飛機基地，對中途島進行偵察，也利於攻擊美軍艦隊。按照美國歷史學家維克托·漢森的描述，日方認為「在海上交鋒中，美軍沒有什麼武器能夠與日軍重炮相比擬，要是美軍航母失去了空中保護或是發現自己距離日軍快速艦隊過近的話，美軍的武器庫裡將沒有任何東西能阻止日軍戰列艦炸毀美軍戰艦」。

日軍艦隊的核心力量則位於遠離中途島的北方。它由高須四郎海軍中將[6]指揮，包括四艘戰列艦、二艘輕型巡洋艦和十二艘驅逐艦。這支核心力量還包括山本大將的三艘戰列艦、一艘輕型巡洋艦、九艘驅逐艦和三艘輕型航母。值得一提的是，山本大將的艦隊裡包含排水高達六·四萬噸的「大和」號戰列艦，配備有四六〇毫米口徑艦炮，射程在四十二公里開外。「這支位於北方的部隊會掩護對阿留申群島所展開的攻擊的側翼，要是美軍在中途島阻擊日軍入侵的話，理論上它還要趕往中途

6　一八八四－一九四四年，太平洋戰爭爆發後，任西南方面艦隊司令官兼第二南遣艦隊司令，深受山本五十六的信賴。

島西南方向……在山本看來，他已經將海軍部隊打造成了環環相扣的鐵鍊，這將捆住美軍，阻止他們所有的西進行動，確保不再出現美軍轟炸日本本土的狀況。」

日軍的這個計畫極為複雜，簡單來說，就是「透過將艦隊部署在阿留申群島和中途島之間從而封鎖北太平洋」。這個計畫的可行處在於，「山本確保了他的北方部隊或南方部隊能夠把數量上嚴重居於下風，正處於混亂當中的美軍趕出來」。

然而，讓山本沒有想到的是，美國人只付出了大約一百五十架飛機，犧牲了三百〇七人的代價，就毀掉了山本殲滅美軍太平洋艦隊的複雜計畫。這也難怪被學者們所詬病了。

從海上作戰的基本條件和戰略方面來分析，我們會更加容易理解山本計畫存在的諸多問題。

山本應該是分析到了在兩個集群間漫長距離中的作戰，作為數量處於劣勢的一方，必然無法兩者兼顧。換句話說，數量上居於劣勢的美軍是無法同時保護中途島與阿留申群島的。因此，山本計畫讓進攻阿留申群島和中途島的部隊，以及協同出擊的戰列艦和巡洋艦隊在完成入侵的同時，他的戰列艦和航母將作為「某種機動後備力量」存在，繼而開赴美軍展開反擊的地點。

他甚至還認為，美國人會因為性格的缺陷，譬如膽小——之前在太平洋戰事的接連失利導致——而不會在阿留申群島與中途島被占領之前露面。到了那時候，他們就會遭遇「從新近獲得的基地上飛來的岸基轟炸機和不需要保護人員運輸艦的日本艦載飛機」。

這當然不是天方夜譚——至少山本認為日本艦隊「迄今為止尚未失敗，在品質上也占有優勢，因此擊敗實力較弱、經驗也不足的美國艦隊就無須合兵一處了」——這可能是當時存在的一種客觀事實，考慮到美國人的士氣低沉，山本有理由做出這樣的判斷。

對日本人而言，「表面上的唯一問題是他們假定數量上遠處於下風的美國人會自高自大、猝不及防，而不是降低姿態耐心等待」。南雲中將在戰鬥前夜的敵情報告中總結稱：「儘管敵軍缺乏作戰意志，他們還是可能令人滿意地對我們的占領行動進程發起攻擊。」因此，山本的錯誤點在於，他顯然無法設想「此前已被擊敗的美國人能夠預計到登陸中途島，更不會想到他們也許能夠率先集中三艘航母攻擊南雲麾下的日軍航母部隊。但美軍在戰艦和中途島上都安裝了雷達，中途島事實上作為不沉的航母而存在」。這才是問題的核心點之一。

按照美軍在中途島附近展開航母作戰的方案，雙方實力對比大致相當：四艘日本航母迎戰三艘美國航母，後者得到了島上的空中支援。對此，維克托·漢森這樣分析道：「按照拿破崙的方式，賈斯特・尼米茲海軍上將（Chester Nimitz）[7]，會著手對付山本設下鐵鍊的各個部分，逐一摧毀孤立鏈條，直到雙方實力對比更為均衡。首先擊沉日本艦隊核心——航母，然後阻止戰略上更為重要的中途島登陸，最終在有必要的狀況下對山本的戰列艦和巡洋艦展開空中打擊。」

於是，山本計畫的戰略弊端就出現了。這是因為，「僅僅將這支龐大艦隊集結起來進行部署，就意味著日本戰艦需要離開母港大約兩千九百公里，即便在抵達目的地後，一些戰艦之間的距離可能還有一千六百公里之遙。如果要保持無線電靜默的話，這支龐大艦隊的各個組成部分將很難保持聯繫——考慮到日軍這個笨拙計畫的關鍵要素在於誘出美軍數量上處於劣勢的艦隊，與此同時出動從南到北的優勢兵力蜂擁而上，這個劣勢就極其關鍵了」。[8]

7　一八八五—一九六六年，太平洋戰爭爆發後，擔任了美國太平洋艦隊總司令、太平洋戰區盟軍總司令等職務，主導對日作戰。

8　參閱維克托・戴維斯・漢森的《殺戮與文化：強權興起的決定性戰役》。

§

美國人為了對付這支實力雄厚的日本艦隊，只拼湊出三艘航空母艦，其中包括受損的「約克城」號（在珊瑚海之戰中被一顆炸彈命中，經維修後可航行）。為了阻止日軍登陸或攻擊，由羅伯特・艾爾弗雷德・西奧博爾德（Robert Alfred Theobald）海軍少將率領的艦隊將前往阿留申群島，這支艦隊規模不大，由二艘重巡洋艦、三艘輕巡洋艦和十艘驅逐艦組成。因為部署的位置問題，幾乎沒有起到什麼作用。

考慮到美軍在夏威夷連一條可以部署到中途島方向的戰列艦都沒有，尼米茲上將匆忙集結了他手上所有的戰艦，在中途島和珍珠港之間來回巡邏。它們包括了八艘巡洋艦、十五艘驅逐艦和九艘潛艇。由於計畫過於複雜，日本人運作起來相當不便。好在日本艦隊在各級戰艦上的龐大數量優勢，以及日軍經驗豐富的官兵，這個計畫本身並非一無是處。然而，正如我們在歷史中看到的那樣，美國人在作戰和戰後的關鍵階段，各級士兵都表現得富有革新精神，他們敢於在具體作戰中發揮自己的應變能力。

在美軍中，當來自上級的命令相當模糊甚至根本不存在時，大部分人都不怕承擔主動制定方針政策的責任。反觀日本，帝國艦隊中控制作戰的方式在相當程度上反映了日本社會固有的主流價值觀與看法。來自軍部的命令是神聖的，來自一些指揮官的命令也是神聖的，哪怕是出現了嚴重的錯誤。

對此，維克托．漢森認為：「其結果是，美國人在計畫執行出現失誤時會當即予以更改，當正統攻擊方式徒勞無功時便轉而試驗具有創新性的攻擊方法——這與基督徒在勒班陀鋸掉他們的撞角以增加火炮準確度，或科爾特斯派士兵前往火山口補充火藥儲備不無相似之處。」

許多時候，戰場上的士兵具有能動性，前提是不嚴重缺乏紀律性，他們在戰場上就會有意想不到的精彩表現。太平洋戰爭中的日本人，在這一方面明顯遜色得多，他們因為尊奉神聖的不可侵犯的命令而白白葬送掉性命。

不過，這種可怕的「勇氣」也讓美軍品嘗到了苦頭。

02

漂浮的地獄

一九四二年六月四日的早晨，這是中途島海戰的第一天。

此刻，海戰史上最大規模的航空母艦會戰正激烈地進行著。如果用聚焦的方式展開描述，我們會發現在大洋上有兩處死亡之地尤為引人注目。其中之一，是正在遭受美國俯衝轟炸機空襲的四艘日本航母。由於日本人的大意，沒有考慮到將帝國海軍所有的飛機都停放在甲板上加油和重裝彈藥的危險性。當敵方不期而至時，日本人來不及做防禦準備，這些飛機完全暴露在美國人從空中投下的雨點般的五百磅和一千磅炸彈之下，在這之前，日本人還將汽油箱、高爆炸彈和各類彈藥散落在甲板上。其二，機庫甲板下方的物品堆放完全沒有章法，各種軍火和魚雷混亂地放置在一起，船員緊張又忙亂地做著徒勞的努力，試圖將飛機上計畫用於中途島登陸進攻的武器裝備換下來，換上合適的彈藥。

這時候，日本人的偵察機剛剛發現在東面不到三百二十公里處巡弋著美國航母艦隊。南雲中將正試圖對其發動一次突然襲擊，然而並沒有預案。現在，這些日本航母處於易受攻擊的罕見狀況下，如果一枚一千磅重的炸彈命中甲板，上面又滿是加好油料、全副武裝的戰機，就會引起一連串爆炸。其爆炸威力足以讓整艘船化為灰燼，並在數分鐘內沉入海底。

換句話說，只在短短的時間內，「一千磅重的爆炸物便能摧毀工人們五年辛苦工作的結晶，讓六千萬磅鋼材打造的艦隻化為烏有」。這簡直太恐怖了，給日本人帶來的不僅是物質上的損失，還有作戰精英人員的喪命——中途島海戰期間，日本帝國海軍的戰鬥序列中迅速消失了三艘重要的航母，它們分別是「赤城」號、「加賀」號和「蒼龍」號，它們的士兵都是「在之前六個月裡三場戰鬥中連續獲勝的老兵」，而航母上的指揮官、作戰人員和技術人員同樣難以倖免。畢竟，這都是在幾乎沒有什麼防備的情況下。

現在，聚焦在空中和艦船上，我們會緊張地看到，美軍轟炸機從兩萬英尺高空開始急速俯衝而下，而下方的日艦卻完全無法觀測到它們的到來。

歷史應該銘記這一刻！「在一九四二年六月四日上午，十時二十二分－十時二十八分，在這不到六分鐘的時間裡，日本航母艦隊中最令人驕傲的幾艘戰艦全部葬身火海。」

這一刻是第二次世界大戰太平洋戰場進程的轉捩點，正義一方將一改之前不利的局面。不過，它又與那些諸如西元前四八〇年的薩拉米斯海戰、西元前三一年的亞克興海戰、一五七一年的勒班陀海戰以及一八〇五年的特拉法加海戰有所不同：前者在開闊的海面上，艦船上的人員一旦失去了在海上的安全平臺，就意味著他們處在幾近孤立無援的境地中，因為他們很可能就永遠都無法找到海岸或小船來逃生了，如果身負傷病之類，就更談不上存活的幾率了；後者則是在相對狹窄的海洋中進行的。

回到這歷史性的一刻，「排水量三·三萬噸的『加賀』號，以及其上的七十二架轟炸機和戰鬥機，很可能首先遭到了美軍 VB-6 和 VS-6 中隊二十五架 SBD 無畏式俯衝轟炸機的進攻，領軍的是美國『企業』號航母上技藝高超的小克拉倫斯·韋德·麥克拉斯基（Clarence Wade McClusky, Jr）少校」。按照維克托·漢森的描述：「九架麥克拉斯基指揮的戰機衝破了可怕的對空防禦炮火，直指日艦。隨後，所有這些戰機以超過每小時四百公里的速度俯衝向下，開始投彈。四枚炸彈命中了目標。」

於是，激動人心的戰果出現了。「日軍的飛機本來已經加滿油，掛齊彈藥準備起飛，但在短短幾秒鐘後，這些戰機開始爆炸，飛行甲板上滿是飛機爆炸產生的裂縫和空洞，附近的人員幾乎都被炸死。」而持續給日本人帶來的傷害則是甲板上的金屬物體，諸如扳手、管線、配件之類的，它們在爆炸中變成了致命的霰彈。它們就像尖銳的拋物線，四處飛濺，劃出詭異的運動軌跡後再撕碎沿途的人體組織。航母上爆炸聲起，慘叫連連。

這可怕的死亡還沒有結束，在第一輪命中之後又有兩枚炸彈擊這艘航母。隨後，船上的升降機被打成碎片，下層機庫裡等待的所有戰機也被引燃。不久，一枚炸彈（一共是五枚炸彈，每一枚都命中這艘航母，其中一枚命中艦橋）炸毀了航母艦島，艦橋上的所有軍官當場陣亡，其中包括「加賀」號艦長岡田次作。

這五枚炸彈的威力足以毀滅掉「加賀」號航母，轉眼間「加賀」號的動力系統就停止了。「這艘戰艦像死了一樣完全停在水中，隨即爆炸聲開始響起。」在海戰中，特別是對於航空母艦來說，裂成兩段迅速下沉的情況是罕見的。「加賀」號原是由日本戰列巡洋艦改造而成的航母，採用雙層機庫、三層飛行甲板的三段式構造[9]。它原本是沒有資格參戰的，主要是航速方面的原因。它最高航速二八．三節，巡航速度十六節，這樣的航速在珍珠港事件前被山口多聞海軍少將[10]詬病，認為太慢。

---

9 就是將起飛、降落的空間隔開，以便合理利用空間並發揮相應的功能。三段式構造的分布大致是這樣的：最上層甲板作降落用；第二層甲板作戰鬥機等小型機種起飛用；最下層也是最長距離的甲板，則作轟炸機等大型機種起飛用。

10 一八九二—一九四二年，第二次世界大戰時期日本帝國海軍高級將領。中途島海戰中，他與「飛龍」號艦長一起隨艦沉入海底。

一九三四年，「加賀」率先完成改裝，強化動力，變成單層飛行甲板。由於「加賀」號的艦載機人員是日本海軍中參戰經驗最豐富的一群，因此在他們的力薦下，「加賀」號才得以進入到中途島海戰的攻擊序列中。對航速快的航母而言，在作戰中一般不會被戰列艦截住。如果戰列艦強行攔截航母，容易遭到艦載機的猛擊。就算戰列艦或者其他艦船投放魚雷，並且擊中了航母，也不會對航母造成致命威脅，畢竟航母在主力戰艦中也算是生存能力較強的。事實上，這種情形也很難得，因為巡洋艦和驅逐艦組成的保護網始終護衛著航母本身。然而，這看似不可能的事情竟然在中途島海戰中發生了。就在幾分鐘時間內，「加賀」號的八百名官兵已經因為爆炸或被活活燒死、或被彈片肢解，或是直接被高熱氣體熔化了，可謂慘不忍睹，瞬間灰飛煙滅。

這裡需要做一些補充說明。一般來說，「艦對艦的空中打擊方式是炸彈、魚雷、機關炮與航空燃料的致命組合，儘管飛機對戰艦進行攻擊時，並不像戰列艦使用四〇六毫米口徑艦炮那樣射出恐怖的炮彈，但呼嘯而下的金屬機翼也會帶來可怕的死亡體驗」。

日本人恐怕沒有想到，這種死亡的體驗他們也擁有了。「半年前，在珍珠港，日軍對美國戰艦也做過同樣的事情。不過現在，他們自己燃燒的航母不是停靠在碼頭邊，而是航行在公海上，距離日本控制的領土有數百英里之遠……因為恥於令天皇失望，少數軍官選擇和他們的戰艦一起沉入大海。」[11]

更讓日本人沒有想到的是，「幾乎是在『加賀』號遭受打擊的同時，三．四萬噸的『赤城』號——南雲中將的旗艦被同樣來自『企業』號航母的理查．哈爾西．貝斯特（Richard Halsey Best）上尉和VB-6轟炸機中隊第一分隊的兩架SBD俯衝轟炸機，以完全同樣的方式逮個正著……攻擊中，至少有一枚美軍炸彈擊中了航母。爆炸先是燒毀了起飛中的日軍戰機，衝擊波在甲板上撕開大洞，隨後，蔓延的大火到達了下層，直抵易燃的油料櫃和軍械庫」。[12]

日本海軍少將草鹿龍之介[13]對這致命惡果產生的原因進行了描述，當時「甲板已經起火，高炮和機槍自動燃燒起來，它們都是被船上的火焰引燃的」。

更詳細的描述則在美國海軍少將W．史密斯所著的《中途島海戰》一書裡，他

11 參閱維克托．漢森的《殺戮與文化：強權興起的決定性戰役》。
12 參閱維克托．漢森的《殺戮與文化：強權興起的決定性戰役》。
13 一八九二—一九七一年，聯合艦隊參謀長，精通無刀流劍術，他也是有名的武道家，和山口多聞海軍少將被認為是日本海軍最有前途的將領。

這樣寫道：「四處都是屍體，無法預知接下來什麼將被擊中……我的手腳都被燒傷，其中一隻腳尤其嚴重。事實上，我們就這樣拋棄了『赤城』號——所有人都顯得張惶失措，沒有任何秩序。」

需要注意的是，「與陸戰中被襲擊的一方不同，在海上行駛的航母中，船員們面對炮彈和炸彈時沒有那麼多的逃跑途徑，他們逃生的範圍被限制在小小的飛行甲板以內」。有限的逃生空間也成為海上作戰最難克服的困難之一。反觀陸地作戰，像在瓜達爾卡納爾島，如果一名步兵遭遇可怕的炮擊，「他可以逃跑，挖掘掩體或者尋找隱蔽。而在中途島外海一艘爆炸的航母上，一名日本水兵不得不選擇是被活活燒死，在船體內窒息而死，在紅熱的飛行甲板上被猛烈掃射最終無處可去，還是跳入水中，等待偶然出現在太平洋溫暖水流中的鯊魚將他吃掉」。[14]

因此，有這樣的說法，「落水日本人的最好願望，是被美軍艦隻救起，這意味著他能在美國戰俘營裡生存下去，獲得安全的庇護所」。至於美軍遭受到這樣的情況，譬如水兵或飛行員，等待他們的將是最糟糕的噩夢，一旦被日本海軍俘獲，「他們

14 依據維克托·戴維斯·漢森的《殺戮與文化：強權興起的決定性戰役》中的描述。

將會被迅速審訊，接著就是斬首，或者被綁上重物從船舷拋下」。

這倒很像那些暴虐海盜的行徑。美國歷史學家科林．伍達德在《海盜共和國》裡記載了這樣的罪惡：在從查爾斯頓到布里斯托爾的一次航行中，一個打雜的男孩太倒楣，原因是約翰．吉昂船長看他不順眼。於是，這位沒有人性的船長開始鞭打他，之後又用醃製食物的鹽水往傷口上淋，這樣的痛無法用語言來形容。吉昂船長並沒有就此停手，將他綁在船桅上，分開他的手腳，就像蜘蛛那樣四仰八叉。鞭打繼續進行——九天九夜的時間裡，海風肆虐地吹割在他遍體鱗傷的身體上，劇烈的疼痛讓他感受到從未有過的絕望。只是，吉昂船長的施虐並沒有結束，竟把他拖到跳板上，那隻大腳在他身上任意踩來踩去。更讓人憤怒的是，自己施虐還不過癮，吉昂船長叫其他船員照樣做，他們當然不同意。氣急敗壞之下，又是一陣狂踏——重重地踏下去，直到糞便不自覺地噴出來。此時，吉昂船長嘿嘿地狂笑著，他挖起糞便數次強迫男孩吞下去。男孩的生命力太強大了，遭受如此非人的折磨，十八天後才死去。臨死前，他口乾舌燥，想要喝水，吉昂船長像是服了什麼興奮劑一樣，衝到船艙，回來時他手裡拿了一杯自己的尿液。原來，他要逼迫男孩喝下去。男孩在絕望與憤懣中死去，當船員們準備將屍體拋入海中時，發現屍體和彩虹一樣五顏六色，多處血肉像果凍一樣，頭部腫脹到兩個大塊頭男人的頭部加起來那麼大。

像這樣虐待和殘殺戰俘的行徑，與戰場殺戮沒有什麼區別。然而，這卻是日本由封建主義變成帝國主義速度之快的極端體現。究其根源，美國歷史學家約翰．托蘭（John Toland）在其著作《日本帝國的衰亡》中認為：「只想學習西方方法而不想學習西方價值觀的領導人，來不及或者無意去發展自由主義與人道主義。」在中途島海戰後，就連他們本國的傷患都被隔離起來，導致人民對那場災難的重要性依然不得而知。

在這場美日海上對決中，雙方都重視「俯衝式轟炸」戰術。特別是對進攻一方來說，「海軍俯衝轟炸機命中目標的概率，和多發動機轟炸機在兩萬英尺及以上高空進行的高海拔精確轟炸相比，顯得更高」。另外，中途島海戰也證明了「單架無畏式俯衝轟炸機攜帶一枚五百磅重的炸彈，在靠近目標上方一千英尺高空進行俯衝攻擊，比三到四英里高空十五架 B-17 組成的整個中隊更具破壞力。雖然每架 B-17 可以投下八千五百磅爆炸物，但轟炸效果卻並不明顯」。

因此，我們在看與中途島戰役相關的影視作品時，注重真實與細節的導演會對這一轟炸戰術進行特寫。如「赤城」號遭受這樣的轟炸時，那顆炸彈穿透甲板鑽進機庫，引爆了「赤城」號儲存的魚雷，即刻將船體由內到外徹底毀壞。日本的這艘航母與英式航母大有不同，包括較為快速靈活的美國航母也與日本航母一樣，沒有安裝強化後的甲板。具體來說，木制跑道只能給下層貯藏的燃料、飛機和彈藥提供拙劣的防護，而且木製跑道自身又很容易被殉爆的戰機引燃。於是，我們看到「赤城」號上有超過兩百人在幾秒鐘內陣亡或失蹤就不覺得詫異了。

當時在「赤城」號上服役的海軍軍官淵田美津雄戰後寫下了一本名叫《中途島海戰》的書，書中這樣描述道：「我從一架梯子上蹣跚爬下，然後走進待命室。這裡已經被那些在機庫甲板上受到嚴重燒傷的受害者擠滿了。很快又有幾顆炸彈引發新的爆炸，令整個艦橋都震動起來。起火的機庫散發出的濃煙衝過通道進入島式上層建築和待命室，迫使我們尋找其他避難處。當我爬回艦橋時，我發現，『加賀』號和『蒼龍』號都已經被擊中，升起了濃稠的黑煙柱。這一幅景象令注視者陷入極度的恐懼中。」

僅僅從死亡的可怕度來形容日本人在這場海戰的損失是遠遠不夠的。在這場災難中，帝國艦隊最優秀的海軍飛行員頃刻間化為烏有。損失慘重的還有「日本海軍中技能最為嫺熟的航空勤務員，他們是數量稀少且不可替代的專家，長期服役，經驗豐富，能在上下搖擺不已的航空母艦上，對飛機進行快速裝掛彈藥、維護和添加燃料等高難度工作」。

可怕的事情繼續在發生，在這不可思議的六分鐘裡，「第三艘日本航母，一．八萬噸的『蒼龍』號也將經歷地獄式打擊。此次打擊由麥斯威爾·佛蘭克林·萊斯利（Maxwell Franklin Leslie）少校和美軍『約克城』號航母的第三轟炸機中隊（VB-3）完成，該艦現在僅在兩百多公里之外。在攻擊中，『蒼龍』號的七百一十八名船員很快葬身火海」。不過，由於美軍俯衝轟炸機裝備的炸彈「都不是有效的穿甲武器，即使命中的是木制飛行甲板，此類炸彈通常都無法穿透過去，在下層的軍械庫、引擎和油箱中爆炸。幾分鐘之前，四十一架美國魚雷轟炸機的攻擊完全失敗了」。

於是，我們反而會看到在「加賀」號和「赤城」號的戰鬥中，更輕的美軍炸彈卻有著意外收穫。「由於三艘航母的戰鬥機都在準備起飛，上午十時二十二分，日軍航母上最脆弱的目標，實際上正是它們的木製甲板。暴露在甲板上、滿載彈藥和燃油的日本轟炸機及戰鬥機，用自己的汽油和炸彈直接引爆了航空母艦。在這罕見的情勢下，一枚美國炸彈，在甲板上引發了數十次的爆炸。」

「蒼龍」號在「加賀」號以東，「赤城」號以北，距離這兩艘燃燒的航母十到十二英里，當時它正準備釋放戰機，對三支美國航母編隊進行一次密集的空中打擊。於是，我們可以看到日軍戰鬥機正在海平面上方不遠處，「忙於完成對蘭斯·愛德華·馬西（Lance Edward Massey）少校最後剩下的幾架美國魚雷轟炸機的屠殺，因而沒有顧得上在上方雲層進行巡邏」。

之後的情形在沃爾特・洛德（Walter Lord）所著的《不可思議的勝利：中途島戰役》（*Incredible Victory: The Battle of Midway*）一書裡有較為詳細的描述。很快，「約克城」號的飛行員投下的炸彈至少有三枚命中了「蒼龍」號。只見萊斯利的十三架俯衝轟炸機悄無聲息地從一萬四千英尺高空俯衝而下，一千磅的炸彈從略超過一千五百英尺的高度釋放，迅速將這艘更小型的航母變為煉獄。隨後，日本人自己的炸彈也被引爆，猛烈爆炸的日本戰機、汽油和彈藥將船體撕成碎片。幾秒鐘內，「蒼龍」號就徹底喪失了戰鬥力。二十分鐘後，棄船的命令被下達了。人們看到「蒼龍」號艦長柳本柳作大佐的最後時刻，是他在被火勢吞沒的指揮臺上高喊「萬歲」……一名「蒼龍」號上的飛行員，身處下層甲板的大田達也看到「一切都在爆炸——飛機、炸彈、油箱」，很快，他自己也從船邊被炸入海中。

「第四艘也是最後一艘日本航母、更現代化的兩萬噸級的『飛龍』號，在上午對中途島發出的轟炸攻勢期間已經逐漸漂向東南方向，因此它基本上躲過了美軍俯衝轟炸機的第一波攻擊」。現在，日本人正在進行一個毀滅性的計畫，「只需要幾十分鐘時間，『飛龍』號就能對『約克城』號發動毀滅性的攻擊，並很可能擊沉這艘美國航母」。然而，就在六月四日那天晚些時分，「一支來自『企業』號和『約克城』號的、沒有戰鬥機掩護的美軍俯衝轟炸機返航編隊最終發現了它」。

按照洛德在《不可思議的勝利》的描述，十六時過後，來自「企業」號的二十四架SBD找到了「飛龍」號，編隊中有十架飛機還是從受到重創、正在傾斜的「約克城」號上轉移過去的。這些戰機在威爾默·厄爾·加拉赫（Wilmer Earl Gallaher）上尉、「迪克」·貝斯特上尉和德威特·伍德·沙姆韋（DeWitt Wood Shumway）上尉的帶領下，從雲層裡現身，出其不意地向下俯衝。四枚炸彈直接命中「飛龍」號，美國人的攻擊再次引燃了準備起飛的日本戰鬥機和轟炸機。「飛龍」號的飛機升降機從甲板上炸飛出去，撞上了艦橋。幾乎所有日軍的死難者，都在甲板下層遇到大火拼被困住，死亡總人數超過四百人。

值得一提的是，「『飛龍』號艦長山口多聞少將，日本海軍中最富有智慧也最具侵略性的指揮官之一，在艦橋上和他的戰艦一起沉沒。這是一個無法彌補的損失，許多人確信他將是帝國海軍總司令山本將軍的接班人」。一名副官向山口報告說船上的保險箱裡還有錢，也許能夠搶救出來，少將卻命令他不用多管。「我們會需要錢在地獄裡用餐。」他小聲說道。

用「漂浮的地獄」來形容一九四二年的這場海上戰事一點也不為過。在不到十二小時的時間裡，「二千一百五十五名日本海軍人員陣亡，四艘艦隊航母毀損並很快沉沒，超過三百三十二架飛機，連同他們技能最精湛的飛行員在襲擊中蕩然無存。

在整場海戰結束前，又有一艘重巡洋艦被擊沉，另一艘遭到重創。『赤城』號、『加賀』號、『飛龍』號和『蒼龍』號，是帝國艦隊的驕傲，這四艘戰艦上都是參加過對抗中國、英國和美國戰役的老兵，現在他們都永遠安息在太平洋海底了」。

因此，我們必須要強調這短短的時間，這具有歷史性意義的一刻。維克托．漢森這樣評價道：「六分鐘後，太平洋海戰的走勢開始轉而有利於美國……美軍大規模的報復性攻勢已經令日本海軍軍令部深為驚懼。」

§

從某種程度講，中途島的死亡數目並不大——兩國艦隊的損失加在一起也沒有超過四千人。比它損失更大的海戰比比皆是，這樣的損失，「只占羅馬在坎尼或者是波斯在高加米拉損失的一小部分」，而戰鬥付出的代價也「少於薩拉米斯、勒班陀、特拉法加和日德蘭這樣殘酷的戰役」。

如果只是從損失或死亡的數量上去分析一場海戰，顯然是不夠深刻的。更深層的視角是要看到，日本人因這些損失和死亡而喪失了在太平洋海軍力量上的優勢。正如美國海軍總司令兼作戰部長恩斯特．約瑟夫．金（Ernest Joseph King）上將所言：「六月四日的中途島海戰是三百五十年裡日本海軍第一次決定性的失敗，這場海戰的勝利恢復了太平洋海軍力量的均勢。」

海上力量的對決背後考驗的是一個國家在經濟、科技、人才儲備和組織協調等多方面的綜合實力。眾所周知，建造一艘航母需要花費的代價有多麼昂貴，整個二戰期間，日本僅僅下水了七艘類似的龐大艦隻。與此相反，直到戰爭結束為止，美國有超過一百艘艦隊航母、輕型航母和護航航母進入服役序列。美國人還建造和修復了二十四艘戰列艦……在四年戰爭期間，美國人每建造十六艘主力戰艦，日本卻只能建造一艘。這幾艘日本航母的沉沒，意味著這些「昂貴」在瞬間化為烏有。

艾爾弗雷德．馬漢會十分看重一場真正的海上力量大決戰，其勝負將對任何一方帶來深刻的影響，對整個戰局也會產生轉折性影響。中途島海戰是「日本賴以進行戰爭、摧毀美國艦隊和太平洋基地的唯一力量」。然而，在一天之內，超過一百名最優秀的海航飛行員死亡，這相當於戰前日本一年內所有畢業的海航飛行員的數量。加之美國人的技術、經驗和人力資源原本就占據決定性優勢，因此日本的軍事失敗並非什麼戲劇性的後果。

對日本人來說更糟糕的是，日本的製造業已經不能應對戰時所需了。按照維克托．漢森的描述：「日本海陸軍飛機的最高月產量只是剛剛超過一千架而已。到一九四五年夏季時，在美軍的轟炸之下，由於工廠需要進行疏散，而原材料和勞動力嚴重缺乏，總產量幾乎不到原來的一半。」反觀美國：「每六十三分鐘，美國人就能迅速製造出一架包括大約十萬個零件的複雜的 B-24 重型轟炸機；美國飛機製造業擁有的工人不僅在數量上大大超過日本，在生產效率方面更是後者的四倍多。」

根據相關資料統計：「到一九四五年八月，戰爭開始不到四年，美利堅合眾國已經生產出了近三十萬架飛機，以及八萬七千六百二十艘各類艦船。從一九四四年中期開始，美國工廠每六個月就能打造一支全新的艦隊，補充的海軍飛機數量堪比中途島所有美國參戰部隊的總和。」特別是在一九四三年後，美國的新式艦船和飛機包括「六艘全新的埃塞克斯級航母，配備地獄俯衝者式俯衝轟炸機，海盜式和地獄貓式戰鬥機，以及復仇者魚雷轟炸機」。無論在數量還是品質方面，它們都超過了日本人所擁有的任何裝備。

相比之下，「日本海軍的實力則開始萎縮，其落後且經常遭受轟炸的工廠甚至無法補充在美國槍炮下報廢的艦隻和飛機，更不用說增加日軍保有裝備的總量了」。對美國而言，「威尼斯兵工廠的快速製造能力，以及坎尼戰役之後羅馬軍團的恢復速度，彷彿在這裡得到了再現」。

如果只是看到日本人在這場海戰中的損失，而置另一方於無視，顯然也是不公允的。在六月四日早晨美軍對敵方進行轟炸的時候，美國人同樣付出了不小的代價，

「『大黃蜂』號損失了十二架野貓戰鬥機中的十一架，『約克城』號損失五架俯衝轟炸機和戰鬥機，『企業』號損失十四架俯衝轟炸機和一架戰鬥機」，除此以外，美軍還損失了數十架魚雷轟炸機。但是，這些損失依舊在可以承受的範圍內。

這樣看來，日本人的失敗是註定了的。而漂浮的地獄會記下這段海上交鋒的歷史，殺戮成為最好的代名詞。

03
非西方的日本

一九四二年六月四日至八日的中途島海戰讓日本品嘗到被殺戮的滋味。

氣急敗壞的日本人對投降者以及手無寸鐵的俘虜進行了慘無人道的屠殺和折磨，這在日軍士兵中幾乎是普遍的行為，在中國、菲律賓和太平洋戰場皆是如此。

戰爭情況下，避免不了殺戮。但這與借助戰爭施以暴行的行為來講，又是兩回事。應該說，日本人暴行的頻率遠高於英國人或美國人。「盟軍集中營和日本集中營之間毫無可比之處，後者有令人毛骨悚然的醫藥實驗和例行的射殺俘虜行為。」

當然，美國人實際上殺死了更多的日本人，例如對日本城市的轟炸，和對廣島、長崎的原子彈襲擊。維克托·漢森認為：「但是在美國人眼裡，無差別的地毯式轟炸作戰和謀殺戰俘並不能相提並論。這是徹底的西方式戰爭特點，源自古希臘在光天化日之下挑選場地進行殺戮的習俗。這種習俗在羅馬時代得到發展，在中世紀得到進化，在基督教世界中依舊存在，這是關於正義戰爭的概念。」

具體來說，「盟軍也進行了大規模殲滅敵人的行動，但那幾乎都是透過公開和直接的進攻完成的，並事先表明了自己的意圖。這樣的大規模攻擊往往是報復性的，盟軍會在敵人的火力下發動攻擊，而不是在營地裡偷襲，或是停火後背信棄義地進攻。日本的防空火力和戰鬥機會嘗試射擊跳傘的敵軍轟炸機機組，這些人被迫在敵占區著陸後，經常會被日本人處決」。[15]

不過，在日本人看來，他們不會覺得屠殺有什麼不妥。美國人會認為，「只要他們在轟炸時，是在實際的火力對射中殺死敵人，同時將轟炸這種方法作為破壞日本帝國軍事工業基礎的努力之一，那一切幾乎就和正面戰鬥沒什麼不同」。日本人的思路則與此相反，「他們只會計算轟炸中死亡的人數，然後指出，成千上萬死於美軍轟炸的本國無辜公民，要比日本戰俘營裡審訊者和警衛處決、肢解的美國俘虜多得多」。

這其實就是日本與西方思想衝突的分歧，或者說意識形態上的差異。譬如，在歐

15 參閱維克托・漢森的《殺戮與文化：強權興起的決定性戰役》。

洲人登陸美洲後，那個著名的西班牙征服者科爾特斯會因為阿茲特克屠殺俘虜而義憤填膺，但是他們自己會覺得，激烈交戰中從後方追殺數千缺乏防護的土著人的行為則顯得十分正當。這就是說，站在美國人的立場而言，這種差異體現了軍事理性的完美。在戰場上進行的殺戮與非戰場上進行的殺戮是完全不同的概念。

具體來說，當美國人使用燃燒彈進行轟炸的戰術，僅在一九四五年三月的一周之內就燒死居住在東京的日本士兵、工人和市民二十萬人，與此同時，美國人又將日本戰俘安置到美國內陸相對人道主義的戰俘營，這兩種行為可看作軍事上的理性。不過，對日本人來說，「屠殺墜機的B-29飛行員的舉動，只不過是為他們幾十萬被燒死同胞進行的一次小小報復」。當然，這絕不是為了給殺戮找到一個合理的解釋，而是站在意識形態的層面，討論中途島海戰背後日本個人主義浸透在國家意識形態之中的複雜性及要義，繼而指向可怕的殺戮根源。

崛越二郎、奧宮正武在《零戰》裡有這樣的描述，太平洋戰爭爆發後的最初六個月裡，敵軍和日本船艦的損失比例，完全實現了海軍「理想戰鬥條件」的內容，即「只在擁有制空權的條件下，進行一場決定性海戰」。在太平洋戰爭之前的十年裡，日本海航飛行員一直被灌輸這樣的理念——在掌握制空權的情況下進行海上交戰一定會取得勝利。太平洋戰爭初期階段的神奇戰果，很好地支持了這樣的信念。

上述內容具有非常重要的分析價值。這份來自「理想戰鬥條件」的自信竟然讓日本人對俘虜有了毫無理由的殘忍殺戮行為，因為他們會認為凡是投降者都是懦夫。以珍珠港事件後的威克島海戰（一九四一年）為例，那些被日軍俘獲的美軍水兵下場極慘，在將這些俘虜用船運回日本和中國的集中營之前，日本人通常會用棍棒猛烈擊打他們。這還是輕的，在日本人看來，嚴重的刑罰是先讓數名俘虜站在甲板上，然後在所謂斬首儀式的名義下施以斬首。最後歡呼雀躍的日本水兵會將死者的身體進行肢解，並將它們扔向大海。

日本人的這種殘暴行為除了所謂「懦夫」的因素，還源自內心的種族仇恨，這不難解釋，對極端主義者來說，這是很好的理由。另外，日本軍國主義者往往對古代軍事禮儀中的武士道核心理念缺乏理解，他們更願意歪曲，認為只有殺戮才能解決一切問題。某種程度上出於對歐洲人長期殖民亞洲壓抑的憤怒，也是其殘暴的因素。日本人將這種行為放置到中途島海戰中，足以看出參戰人員心理的高度緊張和亢奮，特別是這種暴虐、殘忍的戰爭方式受到美英同盟的反擊後，表現得更為明顯。更人神共憤的是，在戰場殺戮結束後，日本人對投降者、手無寸鐵的俘虜或是平民的屠殺和折磨，幾乎是最為普遍的行為。這種行為不限於太平洋戰場，在中國、菲律賓等地都是如此。

§

直到一九四五年為止，日本從未被西方人殖民或征服過。首要的原因在於，這個島國與歐洲之間的距離遙遠，且親近「秉持孤立主義和內向型做法的十九世紀的美國」，以及缺乏誘人的土地和充足的資源（包括日本重要的中井竹山、中井履軒等學者型的人物，他們認為像北海道這樣的地區完全屬於窮鄉僻壤）。加之數量龐大的饑餓人口，這都使得日本對西方征服者不具備吸引力。

然而，在十九世紀日本與西方首次發生接觸後，即指一八五三年的黑船事件，日本人開始有意識地效法西方。特別是薩英戰爭[16]的失敗，讓日本堅定地認識到自己與歐洲的巨大差距。於是，日本努力與歐洲各國保持親密關係，銳意取彼之長，補己之短。需要注意的是，日本人更加注重的是西方的工業生產技術和技術研究方法，並在其基礎上加以提高。像發明飛機的是美國人，鐵甲艦和航空母艦的自力推進是英美創造的，以油為動力的海上艦隊理念純粹是歐洲人發展起來的，對於這些高端的技術若沒有很強的吸收消化能力，外來者很難在短時間內完全掌握。但是，日本

16　一八六三年八月十五日至十七日，因一八六二年九月十四日神奈川縣生麥村的武士攻擊四名「不尊重日本禮儀」的英國人而起，即生麥事件。事件發生後，英國出動了七艘軍艦炮轟鹿兒島，史稱薩英戰爭。

人在一九四一年的時候，他們建造的艦船和飛機已經能與英美並駕齊驅了，甚至在某些方面超過了他們。

這種超強的能力還可以追溯到十六世紀中期，當時日本人首次與葡萄牙人接觸。這次接觸為日本人帶來了驚喜，他們從葡萄牙人那裡學到了火器製造技術，之後數十年內就給整支軍隊裝備了改進後的火炮和火槍。這是非常大的進步，由於使用了這種新式裝備，甚至威脅到了武士階層的存在。需要注意的是，武士階層的「軍事資本是建立在精神性的、反技術的、排外的、反現代化的基礎之上」。因此，日本現代化進程之一——革新軍事技術遭到了巨大的挑戰，「出於對這些新技術的反動，封建領主們逐步解除了人民的武裝，此外，作為對外國各方面影響的全面禁令的一部分，他們還阻止了武器的進一步輸入。海船被禁止建造。基督教被宣布為非法，大部分外國人遭到驅逐」。這一切的改觀得益於一八五三年的黑船事件。當時，一支由馬修·佩里（Matthew Perry）將軍指揮的美國艦隊駛入了江戶灣。在這一刻，日本的技術進步幾乎是完全停滯的，在全國上下的武器庫裡很難找出能用於抵抗美軍的裝備。

佩里的火炮和榴彈，還有他的蒸汽艦隊以及他麾下攜帶有線膛槍的陸戰隊，讓日本人猛然醒悟過來。因此，與其說是一種羞辱，還不如說是一種「神奇的覺醒力量」。

日本人認識到拒絕西方科學的愚蠢，對入侵者的反應不僅僅是憤怒，更多的是意識形態發生了重要的變化。「西方化」一詞是比較中肯的詮釋，「在進行了少數徒勞抵抗後，日本開始全面接受西方製造業和銀行業。」一八七七年，這一年是日本史上比較重要的一年，在薩摩發生了一起暴動。古板的、固執的武士們裝備著傳統的日本刀，同裝備著歐式武器，並具備歐式訓練特質的軍隊對決，結果顯而易見，武士們被徹底打敗。換句話說，十九世紀最後的二十五年，日本軍閥的權力已被終結。

日本同歐洲的廣泛接觸，上至天皇，下至其他階層，開始了效法現代歐洲民族國家的努力。這一進程具備劃時代的意義，階層不再固化，它們開始演變；國民意識發生轉變，不再故步自封。學者羅伯特·埃傑頓（Robert Edgerton）在《大日本帝國的武士》裡這樣描述道：「步槍和火炮的訂單雪片般飛向法國……當德國於一八七一年擊敗法國後，日本人迅速轉向了勝利者，改變了學習對象。很快日本士兵開始走鵝步，效法普魯士步兵戰術。日本海軍軍官大部分來自一度反叛的薩摩藩，他們向英國皇家海軍學習，時常經年累月搭乘英軍戰艦出海。日本的新式戰艦也會在英國製造，因為英國統治了海洋，而日本人希望學習最優秀的國家。日本的西方化並不局限於軍事事物，西方的藝術、文學、科技、音樂和風尚也在日本繁榮興旺。大學生們盡情接觸一切西方化的東西……而武士們也變成了工業家、鐵路巨頭和銀行家。」在軍隊建制和軍銜上，日本也與歐洲同行類似。直到這種軍事力量越來越強大，並打算用它支配亞洲事務，乃至更廣闊的區域。

因此，「西方化」的日本國力越來越強，其軍事力量方面的表現也是有目共睹的。一八九四年，日本將當時滿清的軍事力量趕出了朝鮮；一九〇〇年的義和團事件中，日本遠征軍是開赴北京、援救使館的歐式部隊中武裝、紀律和組織最好的軍隊；一九〇四年日俄戰爭爆發，最後是日本勝利。

§

然而，日本在進行「西方化」的過程中，並不像開始時那樣對西方技術和意識形態等廣泛接受。日本依然固守著頑固的文化傳統。這種力量會「阻礙科學研究和武器研發過程中真正的、不狹隘的西方方法」。這種接受形式或態度，我們完全可以用「非西方化的日本」來形容。正如學者埃傑頓在《大日本帝國的武士》裡的描述：「在佩里到訪後，日本人只得承認西方技術遠遠優於本國技術（如果不是承認西方文化其他各個方面也完全占優的話）。對任何一個民族而言，這樣的承認都是令人不快的，對日本人來說就尤其如此了，因為他們與地球上的大部分民族不一樣，懷有對『大和』民族自身的偉大、內在優越乃至神性的信念。日本人在思考自身價值時的矛盾心理，顯得尤為痛苦。由於許多人自慚形穢，因此他們開始害怕並厭惡西方人，就像他們之前害怕並厭惡中國人一樣。當西方人後來被證明並非不可傷害時，摧毀他們的誘惑就開始滋長了。」

對此，美國歷史學家約翰．托蘭在《日本帝國的衰亡》中做了更為直接的描述：「西方人不理解的是，日本在現代化和西方化的表面之下，實際上卻仍然是東洋人。日本由封建主義變成帝國主義的速度之快，使得只想學習西方方法而不想學習西方價值觀的領導人，來不及或者無意去發展自由主義與人道主義。」

這就導致日本在採用西方戰爭方式時，他們更願意發起一場全面殲滅、毫無憐憫的戰爭。他們更願意以天皇的名義作戰，這樣才不會使他們思考自我價值時的矛盾心理顯得更為痛苦。極端種族主義和沙文主義讓他們感受到歐洲人會在意他們的長相、臭味或者說缺乏男子氣概——這是多麼悖謬，也許有歐洲人認為他們是靠聰明的發明和機器換來勝利，而不是靠男子氣概中的內在勇氣。

中途島海戰失敗後，一些日本軍官開始反思這場失敗。淵田美津雄、奧宮正武就是其中典型的代表，在《中途島海戰中》一書中，他們這樣寫道：「歸根結底，不僅是在中途島海戰中，而且是在整個戰爭中日本戰敗的根源深深地蘊藏在日本的國民性裡。我國國民有一種違背理性和容易衝動的性格，所以行動上漫無目標，往往自相矛盾。地方觀念的傳統使我們心胸狹窄、主觀固執、因循守舊，對於即便是必要的改革也遲遲不願採用。我們優柔寡斷，因此易陷於夜郎自大，這又使我們瞧不起別人。我們投機取巧，缺乏大膽和獨立精神，習慣於依賴別人和奉承上司。」

這樣看來，似乎又很好解釋「非西方化的日本」了。就在那些「工業家和科研人員推動日本經濟和軍事沿著歐洲路線現代化時，多數日本人依然停留在相當大程度上等級化、專制化的亞洲社會中」。於是，這種矛盾的、深層自卑的心理控制著這些人的公眾行為。對天皇的忠誠是絕對的，軍方卻又享有對政府幾乎完全的控制。隨著日本國內自然資源的大規模缺乏，歐洲法西斯主義在一九二〇年代之後的崛起，「歐洲殖民主義者的種族主義歷史、美國針對亞洲移民的歧視，這些因素都有助於在二戰前夕鞏固日本民族主義者和右翼軍國主義者的地位」。

美國著名的政治家山繆・杭亭頓（Samuel Huntington）在《軍人與國家》裡這樣說：「因為它（日本領導層）浸透在國家意識形態中，因為它難以（如果不是無法的話）用冷靜的現實主義方法和科學方法分析軍事局面……從本質上講，那是用日本國家意識形態的精神和原則……個人對國家的認同和他對天皇意志的服從……這給軍方提供了事實上以武士道和皇道理想培養全體男性人口的機會。」因此，這群人才是更可怕的，瘋狂殺戮在他們的眼裡太正常不過了。當不可避免的戰爭爆發，自然就會發生最糟糕的暴行了。

古老的封建武士信條在被十九世紀的軍國主義者重新詮釋和包裝後，不過是一個現代版的「殘忍殺戮罪惡」罷了。一九三一年與中國爆發的戰爭便是這種特質下的表現形式。隨後，這種瘋狂下的野心開始逐步擴大區域，給那些區域下的國家、人民帶來深重的苦難。

瘋狂的殺戮必將導致被殺戮者的復仇行動。太平洋戰爭期間，日本利用神風戰機（一種自殺式飛機，艙門被封死，用自身去撞擊戰艦）攻擊美軍的行為讓世人震驚。就在之前，像淵田美津雄這樣的日本海航指揮官還嘲笑美國人缺乏戰鬥意願。當美軍實施復仇行動後，殺戮與殺戮的對決便進行得更加激烈了。戈登．威廉．普朗奇（Gordon William Prange）在其著作《中途島奇蹟》（*Miracle at Midway*）中描述了美軍軍官的心頭之怒，中途島海戰期間，「大黃蜂」號 VT-8 魚雷轟炸機中隊中隊長約翰．查理斯．「傑克」．沃爾德隆（John Charles「Jack」Waldron）少校在起飛前對同僚發出了這樣的命令：「我最大的願望，就是我們能獲得有利的戰術條件，但倘若我們的處境越發糟糕，我依舊希望我們中的每個人都能竭盡全力去摧毀敵人。如果只有一架飛機能夠成功切入進行投彈，我希望機組成員能勉力飛行，命中目標。上帝將與我們同在。祝大家好運，希望你們能夠順利著陸，讓敵人下地獄吧！」

這樣看來，「漂浮的地獄」終將是殺戮者的最終歸宿，曾經的被殺戮者會以莫大的勇氣和正義的使命發揮出無與倫比的力量。而「非西方化的日本」既讓日本在一段時期取得軍事上的勝利，也讓日本最終走向失敗的結局。

然而，以淵田美津雄、奧宮正武為典型代表的日本人，卻將這場戰爭失敗的原因歸結於攻擊計畫的洩密。「美軍提前發覺日本的攻擊計畫，是日本失利的唯一最主要的和直接的原因，這無可置疑。從日本方面來看，敵人情報工作這一成就轉而成為我方的失敗——我們沒有採取充分的保密措施……但是，說它是美國情報工作的勝利，其意義還不止於此，這一次敵人情報工作的積極成就是重要的，但同樣重要的是在反面，亦即日本情報工作的糟糕和不頂事。」[17]

並非要否定進攻計畫被洩密是重要的失敗因素，但我們可以從中感受到一個可供商榷的思路。隨著太平洋戰爭的結束，日本僅僅將戰爭失敗歸結於技術層面的個人主義者是否會有一些新的反思。譬如，在當時的戰爭困境下，有多少人還願意讓個體完全服從於國家；當戰爭演變成飛蛾撲火式的煉獄場，有多少人不會認為自己正

17 相關詳情可參閱淵田美津雄、奧宮正武的《中途島海戰》；堀越二郎、奧宮正武的《零戰》。

在為日本軍部的威權主義而白白葬送了性命；極端的個人神性崇拜是否會因這場戰爭的失敗而得到改變……，或許從這樣的角度重新闡釋中途島海戰，將給予我們一些不同的思考。而本文所做的一切努力或許只是微不足道的。

附錄

主要參考文獻

主要參考文獻

由於本書的寫作性質，在創作中參考了許多著作，因時間倉促、數量較多，無法一一列舉。在此，我盡可能地將能想到的參考文獻羅列出來，並敬以衷心的感謝！

01〔英〕喬治·戈登·拜倫：《唐璜》，查良錚譯，人民文學出版社二〇〇八年版。
02〔美〕雅各·阿伯特：《居魯士大帝：征服戰爭與波斯開國》，張桂娟譯，華文出版社二〇一八年版。
03 張強：《古希臘銘文輯要》，中華書局二〇一八年版。
04〔德〕阿內爾·卡爾斯滕和奧拉夫·布魯諾·拉德：《大海戰：世界歷史的轉捩點》，周思成、胡曉琛譯，海洋出版社二〇一七年版。
05〔古希臘〕埃斯庫羅斯：《埃斯庫羅斯悲劇六種》，羅念生譯，上海人民出版社二〇一六年版。
06〔英〕約翰·基根：《一戰史》，張質文譯，北京大學出版社二〇〇四年版。
07〔美〕加勒特·馬丁利：《無敵艦隊》，楊盛翔譯，民主與建設出版社二〇一七年版。
08〔美〕艾迪·鮑爾：《斷刀：從珍珠港到中途島》，何衛寧譯，海洋出版社二〇一七年版。
09〔美〕維克托·戴維斯·漢森：《殺戮與文化：強權興起的決定性戰役》，傅翀、吳昕欣譯，社會科學文獻出版社「甲骨文叢書」二〇一六年版。
10〔美〕喬納森·帕歇爾、安東尼·塔利：《斷劍：中途島海戰尚不為人知的真相》，蔣民、于豐祥等譯，學林出版社二〇一三年版。
11〔古希臘〕希羅多德：《希羅多德歷史》，王以鑄譯，商務印書館一九五九年版。
12 熊顯華：《海權簡史：海權與大國興衰》，台海出版社二〇一七年版。
13 熊顯華：《海權簡史2：海權樞紐與大國興衰》，台海出版社二〇一八年版。

14〔美〕A．T．歐姆斯特德：《波斯帝國史》，李鐵匠、顧國梅譯，上海三聯書店二〇一七年版。
15〔古希臘〕阿里安：《亞歷山大遠征記》，李活譯，商務印書館一九七九年版。
16〔英〕特威茲莫爾：《奧古斯都》，王以鑄譯，商務印書館二〇一〇年版。
17〔德〕克勞斯．布爾格曼：《羅馬共和國史》，劉智譯，華東師範大學出版社二〇一四年版。
18〔英〕朱利安．S．科貝特：《特拉法加戰役》，陳駱譯，社會科學文獻出版社二〇一六年版。
19〔美〕J．H．布列斯特德：《地中海的衰落》，馬麗娟譯，中國友誼出版公司二〇一五年版。
20〔日〕鹽野七生：《海都物語：威尼斯一千年》，徐越譯，中信出版社二〇一六年版。
21〔美〕雅各．阿伯特：《薛西斯大帝》，公文慧譯，華文出版社二〇一八年版。
22〔英〕B．H．利德爾．哈特：《戰略論》，鈕先鐘譯，上海人民出版社二〇一五年版。
23〔古希臘〕普魯塔克：《希臘羅馬名人傳》，陸永庭、吳彭鵬等譯，商務印書館一九九〇年版。
24〔英〕派翠克．貝爾福：《鄂圖曼帝國六百年》，欒力夫譯，中信出版社二〇一八年版。
25〔英〕山繆．E．芬納：《中世紀的帝國統治和代議制的興起：從拜占庭到威尼斯》，王震譯，華東師範大學出版社二〇一四年版。
26〔美〕山繆．杭亭頓：《文明的衝突與世界秩序的重建》，周琪譯，新華出版社二〇一〇年版。
27〔英〕埃里克．鐘斯：《歐洲奇跡：歐亞史中的環境、經濟和地緣政治》，陳小白譯，華夏出版社二〇一五年版。
28〔西班牙〕賽凡提斯：《堂吉訶德》，楊絳譯，人民文學出版社二〇一五年版。
29〔英〕威廉．莎士比亞：《奧賽羅》，朱生豪譯，世界圖書出版公司二〇一四年版。
30〔德〕阿爾伯特：《耶路撒冷史》，王向鵬譯，大象出版社二〇一四年版。
31〔荷〕赫伊津哈，何道寬譯：《伊拉斯謨傳：伊拉斯謨與宗教改革》，廣西師範大學出版社二〇〇八年版。

32〔英〕亞當·斯密：《國富論》，郭大力、王亞南譯，商務印書館二〇一五年版。
33〔古希臘〕柏拉圖：《理想國》，郭斌、張竹明譯，商務印書館一九八六年版。
34〔古希臘〕西塞羅：《論共和國》，李寅譯，譯林出版社二〇一三年版。
35〔古希臘〕修昔底德：《伯羅奔尼撒戰爭史》，謝德風譯，商務印書館二〇一八年版。
36〔英〕理查·邁爾斯《迦太基必須毀滅：古文明的興衰》，孟馳譯，社會科學文獻出版社二〇一六年版。
37 陳顯泗主編：《中外戰爭戰役大辭典》，湖南出版社一九九二年版。
38〔美〕雅各·阿伯特：《埃及豔后：羅馬內戰與托勒密王朝的覆亡》，劉莉譯，華文出版社二〇一九年版。
39〔古希臘〕波里比阿《羅馬帝國的崛起》，翁嘉聲譯，社會科學文獻出版社二〇一三年版。
40〔意〕朱塞佩·格羅梭：《羅馬法史》，黃風譯，中國政法大學出版社二〇〇九年版。
41〔英〕H·F·喬洛維茨、巴里·尼古拉斯：《羅馬法研究歷史導論》，薛軍譯，商務印書館二〇一四年版。
42〔日〕鹽野七生：《羅馬統治下的和平》，徐越譯，中信出版社二〇一二年版。
43〔法〕菲力浦·內莫：《羅馬法與帝國的遺產》，張並譯，華東師範大學出版社二〇一一年版。
44〔古羅馬〕維吉爾：《埃涅阿斯紀》，楊周翰譯，人民文學出版社二〇〇〇年版。
45〔英〕山繆·皮普斯：《佩皮斯日記》（英文版），上海三聯書店二〇一七年版。
46〔英〕蘭伯特：《風帆時代的海上戰爭》，鄭振清、向靜譯，上海人民出版社二〇〇五年版。
47〔古羅馬〕阿庇安：《羅馬史》，謝德風譯，商務印書館一九七六年版。
48〔古希臘〕荷馬：《伊利亞特》，羅念生譯，人民文學出版社一九九四年版。
49〔古希臘〕荷馬：《奧德賽》，羅念生譯，人民文學出版社二〇一五年版。

50〔日〕橫手慎二：《日俄戰爭：20世紀第一場大國間戰爭》，吉辰譯，社會科學文獻出版社二〇一九年版。
51〔法〕菲迪南．羅特：《古代世界的終結》，王春俠、曹明玉譯，上海三聯書店二〇一三年版。
52〔英〕N．H．拜尼斯主編：《拜占庭：東羅馬文明概論》，陳志強、鄭瑋、孫鵬譯，大象出版社二〇一二年版。
53〔英〕威廉．莫爾：《阿拉伯帝國》，周術情譯，青海人民出版社二〇〇六年版。
54〔美〕A．A．瓦西列夫：《拜占庭帝國史》，徐家玲譯，商務印書館二〇一九年版。
55〔東羅馬〕普羅柯比：《戰史》，崔豔紅譯，大象出版社二〇一〇年版。
56〔日〕大谷正：《甲午戰爭》，劉峰譯，社會科學文獻出版社二〇一九年版。
57〔古希臘〕亞里斯多德：《尼各馬可倫理學》，廖申白譯，商務印書館二〇一七年版。
58〔古羅馬〕普勞圖斯：《普勞圖斯》，王煥生譯，吉林出版集團有限責任公司二〇一五年版。
59〔美〕艾爾弗雷德．塞耶．馬漢：《海權論》，熊顯華譯，中國社會出版社二〇一九年版。
60〔德〕弗里德里希．席勒《三十年戰爭史》，沈國琴、丁建弘譯，商務印書館二〇一〇年版。
61〔意〕尼科洛．馬基雅維里：《佛羅倫斯史》，李活譯，商務印書館一九八二年版。
62〔西〕巴托洛梅．德拉斯．卡薩斯：《西印度毀滅述略》，孫家堃譯，商務印書館一九八八年版。
63〔西〕貝爾納爾．迪亞斯．德爾．卡斯蒂略：《征服新西班牙信史》，林光、江禾譯，商務印書館一九九一年版。
64〔美〕喬治．C．瓦倫特：《阿茲特克文明》，朱倫、徐世澄譯，譯林出版社二〇一三年版。
65〔美〕邁克爾．C．邁耶、〔美〕威廉．H．畢茲利：《墨西哥史》，復旦人譯，東方出版中心二〇一二年版。
66〔美〕修．湯瑪斯：《黃金之河：西班牙帝國的崛起——從哥倫布到麥哲倫》，蘭登書屋一九八八年版。
67 〔美〕本傑明·吉恩、〔美〕凱斯·海恩斯：《拉丁美洲史》，孫洪波、王曉紅、鄭新廣譯，東方出版中心二〇一三年版。
68 〔美〕赫頓·韋伯斯特：《拉丁美洲史》，夏曉敏譯，華文出版社二〇一九年版。
69 〔英〕朱利安·S·科貝特：《海上作戰的若干原則》，仇昊譯，上海人民出版社二〇一二年版。
70 〔英〕安格斯·康斯塔姆：《日德蘭勝敗攸關12小時》，武寧譯，上海社會科學院出版社二〇一九年版。
71 付子堂主編：《法治理想國》，廣西師範大學出版社二〇一八年版。
72 〔英〕厄恩利·布拉德福德：《大圍攻：馬爾他1565》，譚琦譯，社會科學文獻出版社二〇一九年版。
73 〔美〕艾爾弗雷德·塞耶·馬漢：《納爾遜傳》，丁丁譯，北京理工大學出版社二〇一四年版。
74 北盧德洛·比米什，《英王德意志軍團史》，佛蘭克林出版社二〇一二年版。
75 〔美〕勞倫斯·桑德豪斯：《德國海軍的崛起：走向海上霸權》，NAVAL譯，北京藝術與科學電子出版社二〇一三年版。
76 〔荷〕彼得·賈德森：《哈布斯堡王朝》，楊樂言譯，中信出版社二〇一七年版。
77 〔美〕科林·伍達德：《海盜共和國》，許恬寧譯，社會科學文獻出版社二〇一六年版。
78 〔美〕山繆·杭亭頓：《軍人與國家》，李晟譯，中國政法大學出版社二〇一七年版。
79 〔日〕淵田美津雄、〔日〕奧宮正武：《中途島海戰》，許秋明譯，商務印書館一九七九年版。
80 〔日〕堀越二郎、〔日〕奧宮正武：《零戰》，日本出版協同株式會社一九五三年版。
81 〔美〕約翰·托蘭：《日本帝國的衰亡》，郭偉強譯，新華出版社一九八二年版。

海權興衰兩千年 III

從英國與荷蘭東印度公司的競合到美日太平洋戰役後的海權新秩序

作　　者　熊顯華

發 行 人　林敬彬
主　　編　楊安瑜
編　　輯　高雅婷
封面設計　林子揚
行銷企劃　戴詠蕙、趙佑瑀
編輯協力　陳于雯、高家宏
出　　版　大旗出版社
發　　行　大都會文化事業有限公司
11051 台北市信義區基隆路一段 432 號 4 樓之 9
讀者服務專線：（02）27235216
讀者服務傳真：（02）27235220
電子郵件信箱：metro@ms21.hinet.net
網　　　址：www.metrobook.com.tw

郵政劃撥　14050529 大都會文化事業有限公司
出版日期　2023 年 07 月初版一刷
定　　價　380 元
I S B N　978-626-7284-11-7
書　　號　History-155

Banner Publishing, a division of Metropolitan Culture Enterprise Co., Ltd.
4F-9, Double Hero Bldg., 432, Keelung Rd., Sec. 1,Taipei 11051, Taiwan
Tel:+886-2-2723-5216　Fax:+886-2-2723-5220
E-mail:metro@ms21.hinet.net
Web-site:www.metrobook.com.tw

國家圖書館出版品預行編目（CIP）資料

海權興衰兩千年 III ：從英國與荷蘭東印度公司的競合到美日太平洋戰役後的海權新秩序 / 熊顯華 著 . -- 初版 -- 臺北市 : 大旗出版 : 大都會文化發行 ,2023.07 ; 288 面 ; 17×23 公分 . -- (History-155)
ISBN 978-626-7284-11-7（平裝）

1. 海洋戰略 2. 海權 3. 世界史

592.42　112006842